# 原子力発電をどうするか

## 日本のエネルギー政策の再生に向けて

Takeo Kikkawa
橘川武郎 著

名古屋大学出版会

# はしがき

本書は、二〇一一年三月一一日の東日本大震災にともない発生した東京電力・福島第一原子力発電所事故をふまえて、日本における今後の原子力発電のあり方を論じたものである。執筆時点は、おおむね事故発生から三カ月余りが経過した二〇一一年六月中旬から下旬にかけてであり、その後の事態の進展については、本書の記述に反映されていない。

筆者は、経営史を専攻する研究者である。主要な研究分野は、電力業や石油産業などのエネルギー産業である。歴史研究に従事する筆者が、福島第一原発事故の発生から日が浅く、事故の収束のめども立っていない時点で本書を世に問うのには、理由がある。ここでは、その理由について記しておきたい。

近年、歴史研究の存在理由が鋭く問われる状況が現れている。例えば大学教育の現場においても、経済学部や経営学部で歴史関連の科目が必修から選択に「格下げ」になったり、場合によってはカリキュラムから消滅したりするケースが目立つようになった。その際、論拠として声高に喧伝されたのは、「歴史は役に立たない」という議論である。

プロイセンの鉄血宰相ビスマルクが発したとされる「愚者は経験に学び、賢者は歴史に学ぶ」という言葉を借りるまでもなく、「歴史は役に立たない」という議論は、暴論に近いものである。しかし、その種の議論に対して有効に反駁するためには、歴史を理解してこそ、直面する問題を正しく解決できることを、実例をもって示す必要がある。

今日の日本において経営史学が明確にすべき存在理由は、必要とされている日本社会や日本経済、日本企業の改革に関して、他のアプローチでは見出しえないような実行プランを提示することにある。逆説的な言い方であるが、経営史学は「実用的」であり、「役に立つ」がゆえに重要な意味をもつということになるが、それは、経営史学から、応用経営史という手法を導くことが可能だからである。応用経営史とは、経営史研究を通じて産業発展や企業発展のダイナミズムを析出し、それをふまえて、当該産業や当該企業が直面する今日的問題の解決策を展望する方法である。

一般的に言って、特定の産業や企業が直面する深刻な問題を根本的に解決しようとするときには、どんなに「立派な理念」や「正しい理論」を掲げても、それを、その産業や企業がおかれた歴史的文脈（コンテクスト）のなかにあてはめて適用しなければ、効果をあげることができない。また、問題解決のためには多大なエネルギーを必要とするが、それが生み出される根拠となるのは、当該産業や当該企業が内包している発展のダイナミズムである。ただし、このダイナミズムは、多くの場合、潜在化しており、それを析出するためには、その産業や企業の長期間にわたる変遷を濃密に観察することから出発しなければならない。観察から出発して発展のダイナミズムを把握することができれば、それに準拠して問題解決に必要なエネルギーを獲得する道筋がみえてくる、そしてさらには、そのエネルギーをコンテクストにあてはめ、適切な理念や理論と結びつけて、問題解決を現実化する道筋も展望しうる、……これが、応用経営史の考え方である。

筆者は、この応用経営史の考え方に立つからこそ、本書を執筆した。原子力発電をどうするかは、現在の日本社会が直面する重大課題である。だからこそこの時点で、経営史研究者として、発言する必要があると判断したのである。

橘川武郎

# 目次

はしがき　i

**第1章　福島第一原子力発電所事故の衝撃**……1

**1**　二〇一一年三月一一日　2

**2**　原子力政策の根本的見直し　3

**3**　二〇〇四年・二〇〇八年の提言の再検証　10

**第2章　日本における原子力発電の歴史が教えるもの**……23

**1**　国民的期待を受けてのスタート　一九五五～七三年　24

**2**　大原子力時代と国論の分裂　一九七四～八五年　30

**3**　国策民営方式による調整　一九八六～二〇〇二年　38

4　原子力ルネサンスと政策的支援　二〇〇三～一〇年　46
5　歴史の教訓　53

第3章　原子力発電の何が問題か……55
1　重大事故の発生　56
2　情報の隠蔽　62
3　電源三法交付金による立地　66
4　バックエンド問題の未解決　73
5　国策民営方式の矛盾　79

第4章　原子力発電の危険性……83
1　福島第一原発事故の原因　84
2　原発の新たな安全基準をめぐる福井県と国との見解の齟齬　86
3　危険性の最小化　100

**第5章　原子力発電の必要性** …… 105
1　エネルギー安定供給（Energy Security）　106
2　経済性（Economy）　116
3　地球温暖化対策（Environment）　119
**第6章　福島第一原発事故後のエネルギー政策** …… 125
1　いくつかの原発縮小シナリオ　126
2　再生可能エネルギーの普及と課題　129
3　「火力シフト」と天然ガスの確保　134
4　$CO_2$削減の切り札としての石炭火力技術移転　137
5　「第四の電源」としての省エネルギーによる節電　149
6　二〇三〇年の電源構成見通し　151
**第7章　問われている課題** …… 155

註　161
参照文献　173
あとがき　179

# 第1章

# 福島第一原子力発電所事故の衝撃

# 1　二〇一一年三月一一日

二〇一一年三月一一日午後二時四六分、マグニチュード九・〇に達する巨大地震、東北地方太平洋沖大地震が発生した。この地震とそれが引き起こした大津波は、第二次世界大戦後の日本で最大規模となる自然災害、東日本大震災を引き起こし、同震災による死者は一万五、六四八人、行方不明者は四、九七九人、合計二万六二七人に達した（二〇一一年七月三〇日現在）。

東日本大震災は、東京電力・福島第一原子力発電所の事故をともなった点でも、特筆すべき歴史的出来事である。福島第一原発事故は、原子力施設の事故・故障等の事象を評価する国際原子力事象評価尺度（INES, International Nuclear Event Scale）で、史上最悪と言われる一九八六年のチェルノブイリ原子力発電所事故（旧ソ連）と並ぶレベル7（「深刻な事故」）と評価されるにいたり、本書を執筆している二〇一一年六月中旬になっても収束のめどさえ立っていない。

本書のねらいは、東京電力・福島第一原子力発電所事故後の日本の原子力発電のあり方について考察を加えることにある。まず、日本政府がＩＡＥＡ（国際原子力機関）に提出するため、二〇一一年六月七日にまとめた報告書の要旨によって、福島第一原発事故の事実経過を確認しておこう（章末の資料1－1を参照）。

## 2　原子力政策の根本的見直し

二〇一一年三月一一日の東日本大震災にともない発生した東京電力・福島第一原子力発電所の事故に関する深刻度評価について、原子力安全・保安院は、三月一二日時点で国際原子力事象評価尺度（ＩＮＥＳ）のレベル4（「局所的な影響を伴う事故」）に相当するとの暫定的見解を示していたが、三月一八日になってそれをレベル5（「広範囲な影響を伴う事故」）に引き上げた。そして、四月一二日には評価をさらに厳しくして、ＩＮＥＳで最も深刻なレベル７（「深刻な事故」）に当たると改めた。

一九八〇年にレベル４のサンローラン発電所事故が起きたフランスでは、その後も原子力開発が推進されたが、その前年にレベル５のスリーマイル島発電所事故が発生したアメリカでは、長期にわたって原子力発電所の新設がストップした。福島第一原発事故に与えられたレベル７という深刻度評価は、スリーマイル島発電所事故の深刻度評価を大きく上回り、人類史上最悪の原発事故と言われる旧ソ連のチェルノブイリ発電所事故（一九八六年）のそれと並ぶ水準である。この事実からもわかるように、深刻度評価がレベル４からレベル７へ変更された福島第一発電所の事故が、わが国の原子力政策の根幹をゆるがす重大な事象であることは疑いの余地がない。

二〇一〇年六月に閣議決定された「エネルギー基本計画」は、二〇三〇年に向けた目標として、

①エネルギー自給率および化石燃料の自主開発比率の倍増、
②ゼロ・エミッション電源[1]比率の約七〇％への引上げ、
③「暮らし」（家庭部門）での二酸化炭素（$CO_2$）排出量の半減、

④産業部門における世界最高のエネルギー利用効率の維持・強化、
⑤エネルギー関連製品の国際市場におけるわが国企業群のトップクラスのシェア獲得、

などの諸点を掲げた。[2] そして、一次エネルギー供給と発電電力量について、二〇〇七年度実績と二〇三〇年推計を、それぞれ図1‐1、図1‐2のように発表した。

これらの図からわかるように、二〇一〇年の「エネルギー基本計画」は、ゼロ・エミッション電源である原子力発電に対し、きわめて高い位置づけを与えた。二〇〇七年度から二〇三〇年にかけて、原子力の一次エネルギー供給構成比を一〇%から二四%へ、発電電力量構成比を二六%から五三%へ、それぞれ大幅に引き上げることを打ち出したのである。

この方針を実行するため、二〇一〇年の「エネルギー基本計画」は、

まず、二〇二〇年までに、九基の原子力発電所の新増設を行うとともに、設備利用率約八五%を目指す（現状：五四基稼働、設備利用率：〔二〇〇八年度〕約六〇%、〔一九九八年度〕約八四%）。さらに、二〇三〇年までに、少なくとも一四基以上の原子力発電所の新増設を行うとともに、設備利用率約九〇%を目指していく。[3]

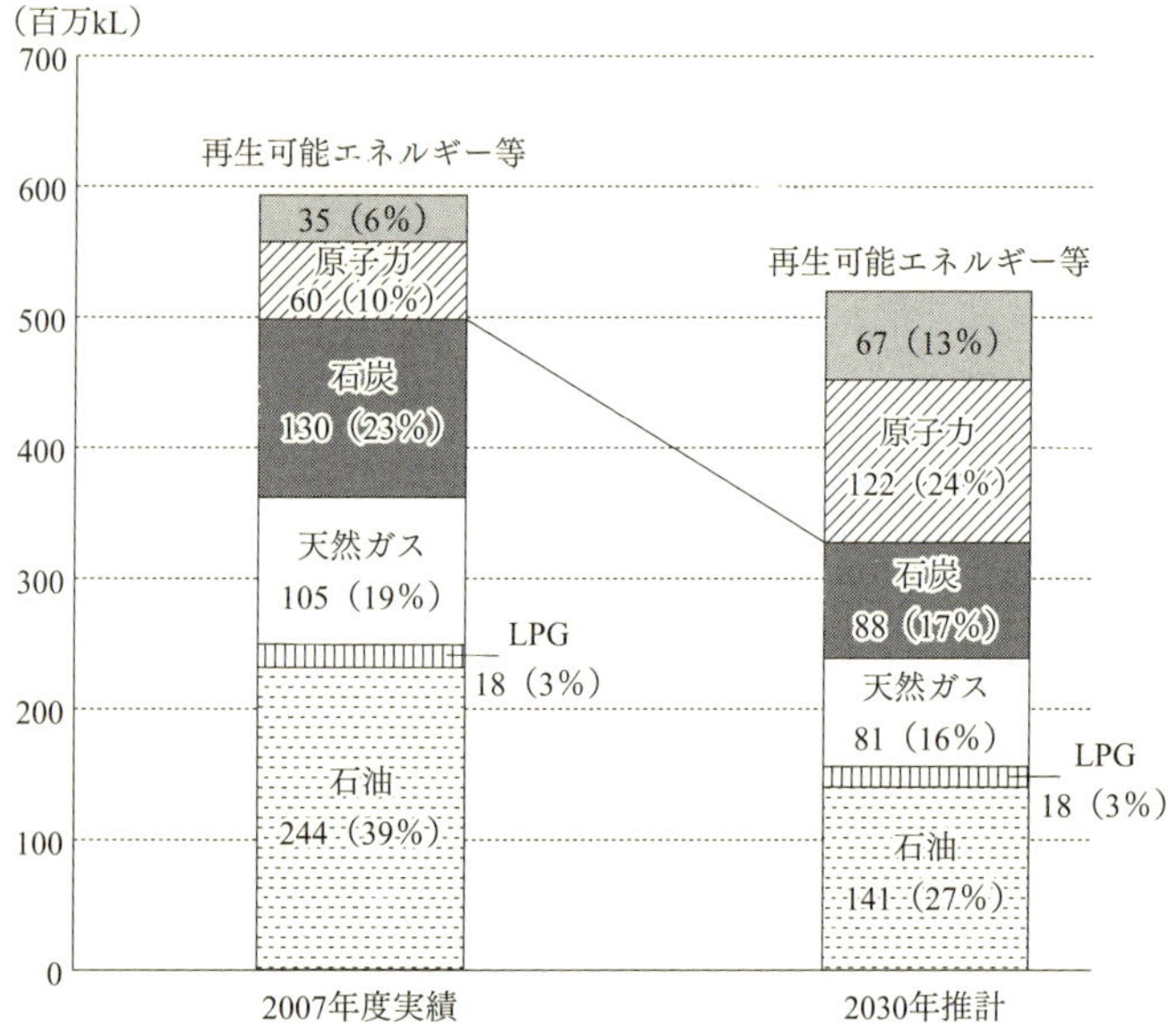


**図1－1　2010年の「エネルギー基本計画」による一次エネルギー供給構成の見通し**

出所）経済産業省資源エネルギー庁編『エネルギー基本計画』（経済産業調査会，2010年）より作成。

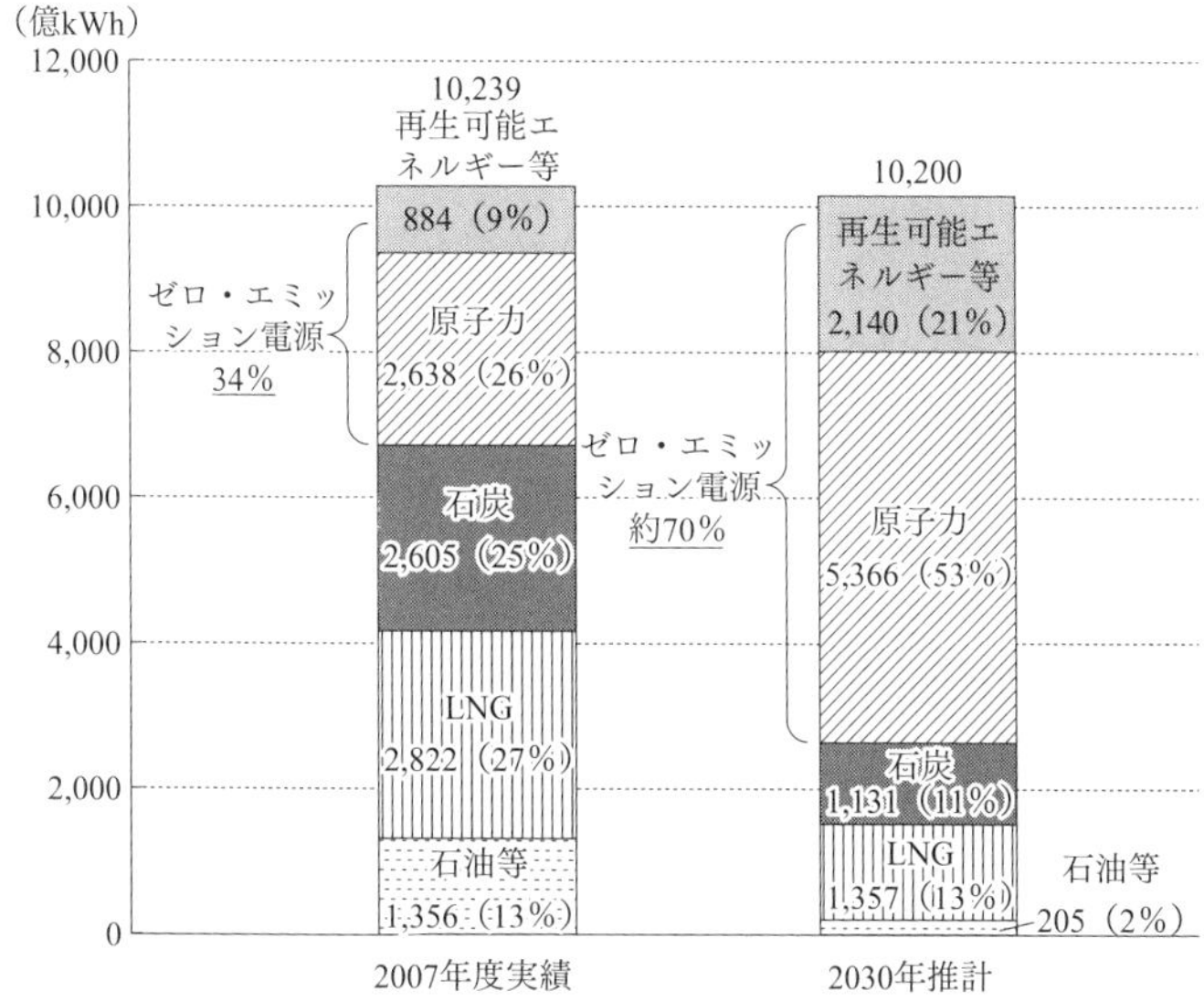


**図 1－2　2010 年の「エネルギー基本計画」による発電電力量構成の見通し**

出所）経済産業省資源エネルギー庁編前掲『エネルギー基本計画』より作成。
注）2007 年度実績には，重複分が含まれる。

と宣言した。図1－3は、福島第一原子力発電所の事故が発生した二〇一一年三月一一日時点での日本における原子力発電所の基数と新増設計画を示したものである。この図からわかるように、当時、建設中の原子力プラントが三基（中国電力・島根発電所三号機、電源開発㈱・大間発電所、東京電力・東通発電所一号機）、着工準備中で二〇二〇年までに運転開始予定だった原子力プラントが六基（東京電力・福島第一発電所七・八号機、日本原子力発電㈱敦賀発電所三・四号機、中国電力・上関発電所一号機、九州電力・川内《せんだい》発電所三号機）、合計九基存在した。「二〇二〇年までに、九基の原子力発電所の新増設を行う」という二〇一〇年の「エネルギー基本計画」の方針は、着々と実行に移されつつあったのである。

しかし、東京電力・福島第一原子力発電所の事故は、状況を完全に一変させた。福島第一原発だけで、六基の原子力プラントが廃炉になることが確定した。建設中ないし着工準備中だった九基の建設工事も、すべて凍結された（福島第一原発七・八号機の増設は不可能になった）。もはや、「二〇二〇年までに、九基の原子力発電所の新増設を行う」という二〇一〇年の「エネルギー基本計画」の方針が破綻したことは、誰の目にも明らかである。原子力発電所の建設には長い時間が必要であることを考え合わせると、「二〇三〇年までに、少なくとも一四基以上の原子力発電所の新増設を行う」という方針も、事実上、不可

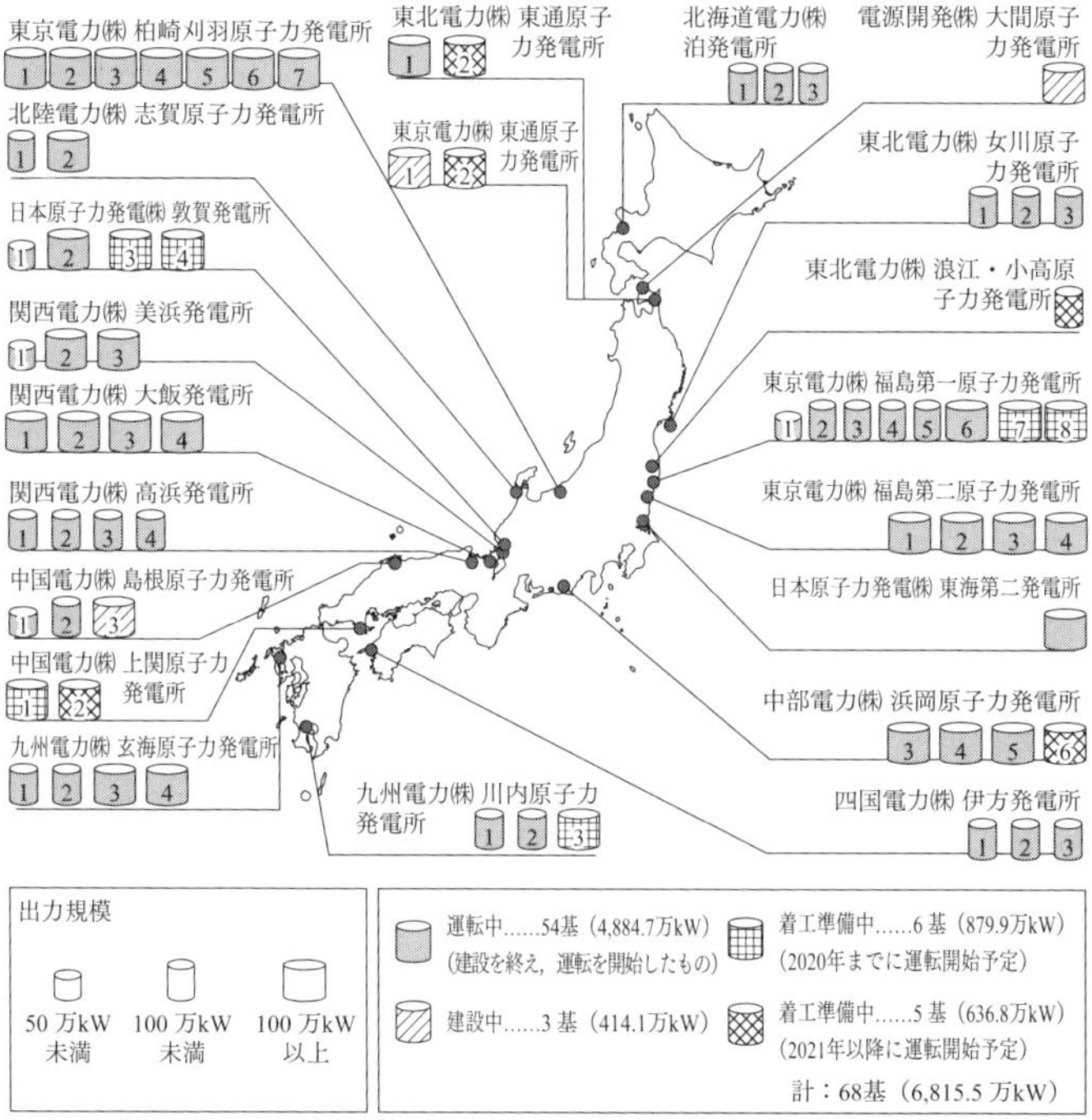


**図1－3　福島第一原発事故時点での日本の原子力発電所の基数と新増設状況**

出所）筆者作成。

能になったと言ってよい。福島第一原発事故は、わが国の原子力政策のあり方に根本的な見直しを迫るものとなったのである。

## 3　二〇〇四年・二〇〇八年の提言の再検証

ここまで述べてきたように、二〇一一年三月一一日に発生した東京電力・福島第一原子力発電所の事故によって、日本の原子力政策は、根本的な見直しを迫られている。それでは、わが国における原子力発電は、どのような方向に進むべきなのだろうか。

この点について、筆者（橘川）は、福島第一原発事故の七年前の二〇〇四年に刊行した『日本電力業発展のダイナミズム』（名古屋大学出版会）の終章で「原子力発電に関する国民的合意の形成」という項をたて、以下のように述べたことがある（五五七―五六〇頁）。なお、文中に登場する電力自由化とは、一九九五年に始まった電力業界に競争原理を導入するための一連の規制緩和措置のことであり、これまでのところ、二〇〇八年まで四段階に分けて実施されてきた。また、バックエンドとは使用済み核燃料の処理のことであり、アンバンドリングとは発送配電一貫体制を解体することである。

日本の原子力開発は、一連の重大事故の発生や核燃料サイクルの形成の遅れなどによって、現在、深刻な岐路に立たされている。しかも、原子力開発は、電力自由化と原理的に背反する側面ももっている。自由化の拡大は、電力市場における短期的視点の台頭をもたらす可能性が高いが、それが現実化すると、長期的視点を必要とする原子力開発にとっては、重大な制約要因になりかねない。また、原子力開発の推進には廃棄物処理等をめぐって政府の関与が不可欠であるが、そのことは、電力自由化がめざす市場原理の拡大と、決定的に矛盾する。

現実に、日本の電力自由化は、原子力開発の抑制という「副作用」をもたらしている。『電気新聞』編集委員の間庭正弘は、二〇〇二年二月の同紙の記事で、次のように書いている。

「電力自由化の検証が進む中、原子力をめぐる論議が活発化しつつある。自由化範囲が拡大し離脱需要家が増加すれば、バックエンドを含む巨額の投資回収が困難となり、民間企業経営の範囲内での開発運営は壁にぶつかることになりかねない。

単純な競争市場ならば、仮に原子力開発が後退しても競争の結果と片付けられるが、環境、エネルギーセキュリティーという観点から国策と位置付けられている以上、簡単に割り切るわけにはいかない。自由化検証と絡み、今後の議論の展開からは目が離せない」（間庭［二〇〇二］[4]）。

この記事が指摘するとおり、電力自由化は、そのままでは原子力開発の投資回収リスクを高め、民間電力会社の原子力投資を抑制する波及効果をもつのである。

それでは、上記の記事が求めた、電力自由化の検証プロセスにおける原子力開発をめぐる論議の深化は、実現したのであろうか。残念ながら、答えは「否」である。電力自由化の検証をふまえ、上記記事のほぼ一年後に発表された総合資源エネルギー調査会電気事業分科会［二〇〇三］[5]は、事実上、原子力開発をめぐる議論を先送りにした。同報告に対しては、「市場競争下における原子力の位置付けは、今回先送りされた。極めて重要な論点であるにもかかわらず、簡単に素通りした感が否めない」（格付投資情報センター［二〇〇三］[6]）、という評価が一般的である。このまま原子力発電の位置づけを先送りする状況が続けば、日本の原子力開発は戦略的見地を失い、「海図なき航海」へとさまよい出ることになる。

電力自由化が進行する今だからこそ、原子力発電の位置づけを明確にしなければならない。「原発推進派」対「原発反対派」という不毛の対立を乗り越え、今後の原子力開発のあり方に関して、国民的合意を形成しなければならない。そのためには、相当踏み込んだ原子力政策の見直しが必要となる。見直しにあたっては、①九電力会社経営からの原子力発電事業の分離、②核燃料サイクル路線から使用済み燃料直接処分路線への移行、③原子力重点化政策の再検討など、これまでの原子力政策とは一八〇度異なる内容も、選択肢の一部として考慮に入れられるべきである。

①の九電力会社経営からの原子力発電事業の分離は、電力自由化と原子力開発との原理的背反を解消する施策である。九電力各社は、使用済み燃料処理などの面で「国策」による支援が必要不可欠な原子力発電事業を経営から切り離すことによって、私企業性を真に取り戻すことができる（そうなれば、「原子力ムラ」と呼ばれる、トップマネジメントも十分に立ち入ることができない「聖域」も、社内から消滅する）。また、原子力発電事業を九電力会社から分離し大規模な専業会社に集中することによって、原子力開発にとっての投資環境が改善される。京都議定書達成等の環境保全面からの要請やエネルギー・セキュリティ上の理由で、日本政府が原子力開発のいっそうの推進

をめざすのであれば、電力自由化の枠組みの外側におかれる原子力発電専業会社に、政策的支援を集中すればよいわけである。

ただし、九電力会社経営からの原子力発電事業の分離を実行する場合にも、地域ごとの差異を考慮に入れることが重要である。例えば、現在、志賀原子力発電所二号機を建設中の北陸電力や、東通原子力発電所一号機を建設中の東北電力のように、電力自由化が進行するなかで原子力開発に取り組んだ電力会社は、金利負担の増大などを通じて、競争上不利な立場におかれることは避けられない。このようなケースでは、条件面で折合いがつきさえすれば、原子力発電事業を分離することで、電力会社がメリットを受けることがある。一方、電力自由化が始まる以前に原子力開発を一巡させた電力会社の場合には、そのようなメリットは小さいと言える。原子力発電事業の分離は、もし、それが実行されるのであれば、九電力各社が、「九電力体制の自己拘束性[8]」から脱却し、地域の条件に最適な系統運用を形成して、個性を再確立する作業の重要な一環となるであろう。

九電力会社のなかには、原子力発電事業の分離がアンバンドリングにつながることを懸念する声があるという。しかし、〔中略〕二〇〇〇年の時点で、九電力会社の電源構成に占める原子力の比率は発電設備出力で二一・八％、発電電力量で三八・一％であり、原子力発電事業を分離しても、発送配電一貫経営の維持は十分に可能である。むしろ、アンバンドリングをもたらしかねないのは、「国策民営」の原子力事業を、九電力会社経営の内部に抱え続けた場合である。原子力事業を内部化しているがゆえに、九電力各社が私企業性を十分に発揮できず、相互間の競争に熱心でないような状況が現出すれば、その状況を打開するため、電力自由化は、「九電力体制の突然死」を意味するアンバンドリングに行き着くかもしれないのである。

②の核燃料サイクル路線から使用済み燃料直接処分路線への移行は、核燃料サイクルの構築・運用に際して課せられる、国民や電力会社の経済的負担を軽減するねらいをもつ選択肢である。ただし、核燃料サイクル路線をとるにせよ、使用済み燃料直接処分路線をとるにせよ、地元自治体の説得や政策的資金の投入などの面で、政府が積極的に原子力発電のバックエンド問題に関与せざるをえないことには、変りがない[9]。日本の原子力発電は「国策」がなければ成り立たない状態におかれているのである。

③の原子力重点化政策の再検討は、電力業界の実態を反映した施策である。日本では原子力開発のペースが、一九八〇年代後半以降、明らかにスローダウンした。この

時期には、原油価格上昇リスクの軽減や $CO_2$（二酸化炭素）排出量の削減などの面で、原子力発電がメリットをもつことが広く認識されたにもかかわらず、原子力開発のペースダウンが深刻化した。このことは、原子力開発に力点をおく日本のエネルギー政策全体の見直しが求められていることを、強く示唆している。

つまり、筆者は、二〇〇四年の時点で、原子力開発に関して、

①九電力会社経営からの原子力発電事業の分離、

②核燃料サイクル路線から使用済み燃料直接処分路線への移行、

③原子力重点化政策の再検討、

という三点を提言したわけである。

その後二〇〇八年の時点で、筆者は、②の提言を、「使用済み核燃料の再処理（リサイクル）路線と直接処分（ワンスルー）路線との併用」[10]と改めた。これは、日本原燃が青森県六ヶ所村で建設中の使用済み核燃料の再処理工場において二〇〇六年三月にアクティブ試験を開始したため、技術的にみて後戻りすることがきわめて困難になり、核燃料サイクル路線の廃止という選択肢の現実性が大きく後退したことを反映したものである。なお、

同じく二〇〇八年に、③の提言についても、電力会社の「原子力依存度をkWhベースで四〇％以下に抑えるべきではないか[11]」と、表現を具体化した。

したがって、福島第一原発事故以前の時点における原子力発電のあり方についての筆者の提言は、

(1) 九電力会社経営からの原子力発電事業の分離、

(2) 使用済み核燃料の再処理（リサイクル）路線と直接処分（ワンススルー）路線との併用、

(3) 電力会社の原子力依存度の四〇％以下（kWhベース）への抑制、

という三点にまとめることができる。(1)〜(3)の提言は、福島第一原発事故以後の現在の時点においても、有用なものであろうか。ほかに、原子力発電のあり方について提言すべき事柄は、存在しないか。本書では、これらの論点を掘り下げてゆく。

この作業を進めるためには、まず、わが国における原子力発電の歴史を振り返ることから始めなければならない。

## 資料1−1　日本政府のIAEA向け福島第一原子力発電所事故報告書（二〇一一年六月七日公表）の要旨

【はじめに】

福島の原子力事故は、日本にとって大きな試練。世界の原発の安全性に懸念をもたらしたことを重く受け止め、反省している。世界の人々に放射性物質放出について不安を与えたことを心からおわびする。事故の教訓を世界に伝えることも日本の責任である。

【地震と津波の被害】

三月一一日の地震は観測史上最大のマグニチュード（M）九。福島第一原発で外部電源がすべて停止、津波は一四〜一五メートル。

【事故の発生と進展】

運転中の同原発一〜三号機は地震で自動停止。津波で冷却系が機能を失った。一〜三号機で原子炉圧力容器への注水ができない事態が続き、核燃料は水面から露出。炉心溶融に至り、一部は圧力容器下部にたまり、一部は圧力容器に開いた穴から外側の格納容器に落下して堆積する「メルトスルー（溶融貫通）」が起きている可能性も。燃料被覆管が過熱し大量の水素が発生。燃料から圧力容器、原子炉格納容器へ放射性物質を放出。

格納容器圧力が上昇して破損するのを防ぐため蒸気を大気中に逃がすベントを実施。一、三号機で水素爆発が発生して原子炉建屋を破壊。大量の放射性物質を放出した。四号機でも水素が原因とみられる爆発。二号機圧力抑制室付近でも爆発音。水素爆発の可能性。

【災害への対応】

放射性物質の放出に備え原子力災害対策本部長の首相が避難と屋内退避を指示。緊急時対策支援システムと緊急時迅速放射能影響予測ネットワークシステム（ＳＰＥＥＤＩ）は機能せず。放射線監視装置はほとんど使用不能。

汚染水の海洋放出について近隣諸国を含め通報が十分でなかったことを反省。国際評価尺度（ＩＮＥＳ）暫定評価レベル５から７への引き上げに一カ月が経過。迅速、的確な対応が必要だった。

【事故の教訓】

自然災害を契機にしていること、複数の原子炉の事故が同時に起きたことなどスリーマイルアイランド原発事故、チェルノブイリ原発事故と異なる点が多い。電気、通信、交通が壊滅した状況で原発作業や防災活動を行わざるを得なかった。

▽過酷事故防止策

地震で外部電源に被害。現在まで、安全上重要な設備や機器に地震による大きな損壊は確認されていないが、さらに調査が必要。津波に対し、発生頻度や高さの想定が不十分だった。

地震や津波に備えた電源の多様性がなく、配電盤などが冠水に耐えられず、電池の寿命も短かった。

使用済み燃料プールのリスクは炉心に比べて小さいとして、代替注水などを考慮しなかった。

複数炉で同時に事故が発生し、設備を共用したり距離が近かったりしたため、事故が隣の原子炉に影響を及ぼした。燃料プールが高い位置にあり対応が困難だった。原子炉建屋の汚染水がタービン建屋に及んだ。

▽過酷事故対応策

連続した水素爆発が事故をより重大にした。水素が漏れて爆発する事態を想定していなかった。

格納容器のベントシステムの操作性に問題があった。放射性物質の除去機能が不十分。中央制御室や緊急事態対策所の放射線遮蔽（しゃへい）、空調や通信、照明の強化などが必要。

個人線量計が津波で水没し、適切な放射線管理が困難になった。空気中の放射性物質の濃度測定も遅れ、内部被ばくのリスクが増大した。

実効的な訓練が不十分。自衛隊、警察、消防との連携に時間を要したが、的確な訓練によって防止できた可能性がある。

周辺でも地震、津波の被害が発生し、機材やレスキュー部隊の動員を迅速かつ十分に行えなかった。機材の集中管理や同部隊の整備を進める。

▽原子力災害対応

大規模な自然災害と原子力事故が同時に発生した場合に備え、通信連絡や物資調達の体制・環境を整備する。

現在、緊急時の環境モニタリングは自治体の役割だが、国が責任を持つ体制を構築する。

事故当初、政府と東電の意思疎通が不十分。原子力災害対策本部などの責任や、役割分担の見直しと明確化を進める。

住民や自治体に適切なタイミングで情報提供できないことがあった。放射線や放射性物質の分かりやすい説明も不十分。

▽安全確保の基盤強化

安全規制行政は、事故に俊敏に対応する上で問題があった。原子力安全・保安院を経済産業省から独立させ、原子力安全委員会や各省も含めて体制の見直しを検討する。
原子力安全や防災にかかる法体系や指針を見直す。高経年化対策の在り方を再評価。既存施設に対する新法令や新知見の位置付けを明確にする。

【むすび】

原子力安全対策の根本的な見直しが不可避。原子力発電の安全確保を含めた現実のコストを明らかにし、原子力発電の在り方について国民的な議論が必要。事故収束に向け多大な困難を覚悟しているが、世界の英知と努力を結集して、必ずこの事故を乗り越えることができると確信している。

出所：「ＩＡＥＡへの政府原発事故報告書 要旨」『東京新聞』二〇一一年六月八日付。

# 第2章

# 日本における原子力発電の歴史が教えるもの

## 1　国民的期待を受けてのスタート　一九五五～七三年

日本の原子力開発と原子力政策は、どのような歩みをたどってきたのだろうか。この章では、原子力発電の歴史をふり返ることにしよう。

日本において、原子力発電をめぐる法制度が整ったのは、一九五〇年代半ばのことである。一九五五年一一月の日米原子力協定の調印、一九五五年一二月の自主・民主・公開を三原則とする「原子力基本法」、「原子力委員会設置法」、「総理府設置法の一部を改正する法律」（原子力局の新設）からなるいわゆる「原子力三法」の成立（一九五六年一月施行）、一九五六年一月の原子力委員会の発足、一九五六年六月の特殊法人日本原子力研究所（原研）の設立、一九五六年八月の原子力燃料公社（一九六七年一〇月に動力炉・核燃料開発事業団へ改組）の発足などからわかるように、日本の原子力研究や原子力行政にかかわる基礎的な体制固めは、一九五六年ごろまでに完了した。一方、民間の側でも、電力会社や重電機メーカーを中心メンバーとして、一九五六年三月に日本原子力産業会議が発足した。こうして、わが国における原子力開発は、初めから官民協調のもとで進められることになった。

一九五〇年代半ばから一九七〇年代初頭にかけての高度経済成長期の日本で進行した電源構成の火主水従化や火力発電用燃料の油主炭従化のプロセスでは、日本政府と九電力会社(12)とのあいだに見解の相違が生じ、電力会社側が主導権をとる形で局面が打開された(13)。これに対して、同時期に起こった電源開発上のもう一つの変化である原子力発電の事業化のプロセスでは、政府・電力会社間の意見の齟齬はほとんどみられなかった。それは、原子力開発自体が、軍事的要素も含んだ日米政府間の国際政治問題としての性格を色濃くもっており、電力会社にとって、政府の協力を得ることが、原子力発電の事業化を進めるうえで必要不可欠だったからである。

ただし、ここで注意を要するのは、日本で原子力開発を進めるにあたって官民協調体制がとられたことは事実であるが、そのことは、政府と電力会社とのあいだに軋轢がまったたくなかったことを意味するものではない点である。原子力発電の受入れ主体をめぐって、政府主導を主張する電源開発㈱と、民間主導を主張する九電力会社との見解が真っ向から対立したことは、そのような軋轢の一例と言える。電源開発㈱と電力会社との見解の対立は政界にも及び、経済企画庁長官河野一郎と原子力委員長正力松太郎との論争を生んだ。この論争で、河野は電源開発㈱寄りの姿勢をとり、正力は九電力会社に近い立場を示した。(14)

結局、この論争は政治的決着をみた。一九五七年八月に行われた河野経済企画庁長官と正力原子力委員長との会談で妥協が成立し、それをふまえて、同年九月の閣議で、「受入れ会社に対する出資比率は、政府関係（電源開発㈱）二〇％、民間八〇％とし、民間の内訳は、おおむね九電力会社四〇％、その他一般四〇％を目途とする。なお、一部業界が独占的に受入れ会社を支配することのないよう、必要な措置を講じる」、「受入れ会社の役員人事については、あらかじめ政府の了承を得る」などの諸点を骨子とする、了解がなされた。(15)この閣議了解にもとづいて受入れ会社の設立手続きが進められ、一九五七年一一月に日本原子力発電株式会社が発足した。

日本原子力発電㈱は、一九六六年七月に東海発電所（一二万五、〇〇〇kW）の運転を開始し、わが国で初めて商業ベースでの原子力発電を実現した[16]。同発電所の建設には、九電力各社の技術者が多数参加し、多くの貴重な経験を持ち帰って、その後の自社における原子力開発に活用した[17]。

九電力各社は、原子力開発を日本原子力発電㈱に委ねるのではなく、自らの手でも遂行することを、早い時期から決めていた。例えば、東京電力は、いち早く社内に原子力発電調査委員会を設けていたが、一九五五年一一月には、他の電力会社に先がけて社長室に原子力発電課を新設した。一方、関西電力も、一九五七年九月に、「日本の電力業界の先陣を切って、社内に『原子力部』を設置し」た[18]。

九電力会社中、事業規模の点で一、二位を占める東京電力と関西電力は、電源開発の火主水従化や火力発電用燃料の油主炭従化をめぐって、互いにライバル意識をもって経営行動を展開した。両社の競争は、原子力発電の事業化をめぐっても繰り返された。

東京電力と関西電力が原子力開発に関して激しい先陣争いを繰り広げたことは、両社の会社史の記述からも、窺い知ることができる。まず、関西電力株式会社『関西電力二十五年史』（一九七八年）は、「わが国において原子力発電の技術的先兵となったのは、日本原子力発電株式会社の東海一号炉であった。この建設には九電力各社の技術者が多数参加し、多くの貴重な経験を持ち帰り、その後は自らの会社の中で原子力発電所の建設に取り組むことになる。九電力各社が原子力発電所建設に取り掛かった時期はまちまちであり、初送電の時期も九社ごとにかなりずれているが、九社中、一番乗りの栄光をになったのは当社である」、と述べている（三一九頁）。これに対して、東京電力株式会社『東京電力三十年史』（一九八三年）も、「当社は、米国での経験で、原子力が火力発電に十分対抗できること、大容量化への技術の見通しがついたこと、将来の電源は原子力に依存せざるを得ないこと、石油に比べて核燃料の方が少ない外貨ですむことなど内外の諸情勢を考慮し、原子力開発に踏み切るべきであると決断し、昭和三〇年代の前半〔一九五〇年代の後半――引用者〕には具体的な発電所候補地点の選定を始めていた。火力発電の石炭から石油への転換が行われ、新鋭火力の大容量化が進められようとしている時代に、このように他に先駆けて先見的に行動を開始したことは特筆されよう」、と記述しているのである（五六一頁）。

激しい先陣争いをわずかに制して、ひとあし早く原子力発電所の営業運転を開始したのは、関西電力の方であった。九電力会社としては最初の原子力発電所となる関西電力美浜発電所は、一九七〇年一一月に一号機（三四万kW）の運転を開始した。一方、東京電力も、わずか四カ月後の一九七一年三月に、福島原子力発電所一号機（四六万kW）の運転開始を

表2－1　日本における原子力発電所（商業用）の新増設状況

（単位：運転開始基数）

| 年　度 | 1966～73 | 1974～85 | 1986～94 | 1995～2002 | 2003～10 |
|---|---|---|---|---|---|
| 新　設 | 5 | 9 | 2 | 0 | 1 |
| 増　設 | 1 | 17 | 14 | 5 | 3 |
| 合　計 | 6 | 26 | 16 | 5 | 4 |

出所）電気事業連合会統計委員会編『電気事業便覧』（各年版）。
注）新設は新規立地における1号機の運転開始，増設は既存立地における2号機以降の運転開始を，それぞれ意味する。

実現した。

関西電力と東京電力が激しい先陣争いを展開した背景には、原子力発電が「夢のエネルギー源」として国民的期待を集めていたという、高度経済成長期に特有の事情が存在した。「アトム」という言葉を冠した人気漫画（「鉄腕アトム」）やプロ野球チーム（「産経アトムズ」）が登場したことは、当時の原子力人気の高さを如実に示している。

ここまで言及した原子力発電設備のほかにも、石油危機が生じた一九七三年度までのあいだに、日本原子力発電㈱敦賀発電所一号機（三五万七、〇〇〇kW、一九七〇年三月運転開始、以下同様）、関西電力美浜原子力発電所二号機（五〇万kW、一九七二年七月）、中国電力島根発電所一号機（四六万kW、一九七四年三月）が、あいついで運転を開始した。表2－1からわかるように、一九六六～七三年度に日本では、商業用の原子力発電施設が五基新設され、一基増設されたわけである。

原子力発電が稼動し始めたことにより、一九七三年度末における発電設備出力の電源別構成は、日本全体で火力七三・九%、水力二三・七%、原子力二・四%、九電力会社では火力七六・〇%、水力二一・三%、原子力二・六%、地熱〇・〇%となった。一方、一九七三年度における発電電力量の電源別構成は、日本全体で火力八二・七%、水力一五・二%、原子力二・一%、九電力会社では火力八二・九%、水力一五・二%、原子力一・九%であった[19]。

## 2　大原子力時代と国論の分裂　一九七四〜八五年

石油危機後の一九七四〜八五年の日本では、電源の脱石油化が進行した。それは、①原子力開発の重点的追求、②石油火力開発の抑制とLNG（液化天然ガス）火力開発・石炭（海外炭）火力開発の積極化という、二つの方向で進んだ。

脱石油の本命として、日本の政策担当者が選択したのは、原子力であった。いわゆる自然エネルギーでは、量的にみて決定的に不十分であるとともに、コスト的にも石油にとって代わることはできなかった。石炭、とくに海外から輸入する海外炭は、量的にもコスト的にも石油代替エネルギーの柱となる可能性はあり、現に日本でも、石油危機後、石炭利用が拡大したが、公害対策上の問題があり、その点が大きな懸念材料であった。これに対して、原子力を石油代替エネルギーの本命視することについては、それを後押しする二つの事情が存在した。

一つは、日本の原子力発電が一九六〇年代後半から本格的な実用化の段階にはいり、石油危機が発生した一九七三年度には、すでに、六基が実用運転を行っていた（商業用、表2‐1参照）ことである。第二次世界大戦後の日本では、中心的な電源が水力から石炭火力を経て石油火力へと移り変わっており、石油の埋蔵量に限界がある以上、やがて石油火力に代わって原子力の時代が来るものと、多くの関係者が想定していた。石油危機が発生した時点では、石油火力から原子力へのシフトは、ある程度想定済みの路線となっていたのであり、原油価格が高騰した際に、原子力発電が実用化していたことに対して、安堵の感をいだいた国民は少なくなかったのである。

いま一つは、原子力発電が、当初はウラン精鉱の輸入や濃縮・燃料製作業務の海外委託に依存せざるをえないものの、将来的には核燃料（原子燃料）サイクルの確立によって、燃料の輸入依存度を減少させる、エネルギー自給へ向けての切り札的存在だと期待されたことである。たとえ、石油火力をＬＮＧ火力や海外炭火力に置き換えたとしても、発電用燃料を全面的に海外から輸入する事実には、変わりがない。これに対して、使用済み核燃料の再処理・転換・濃縮・再転換・成形加工工程が国産化され、核燃料サイクルが確立されれば、発電用燃料の輸入依存度を大幅に低下させることができる。まして、既存の軽水炉よりもウラン燃料のプルトニウムへの転換能力にすぐれた高速増殖炉が実用化されれば、エネルギー自給の達成に大きく近づくことさえ可能になる。このような壮大な構想は、資源の乏しさに長年苦しめられてきた日本の国民に、夢を与えるものだったのである。[20] なお、図２－１は、核燃料サイクルの概要を示したものである。

しかし、原子力に対する国民の期待が高かったからといって、原子力開発がスムーズに進行したわけではなかった。一方で、この時期には、原子力発電の安全性に対する不安感や不信感が顕在化したからである。国内の原子力発電所で軽水炉の初期トラブルが発生し稼働率の低下がみられたこと、一九七四年九月に原子力船「むつ」の放射能漏れ事故が発生したことなどは、このような不安感や不信感を招く一因となった。また、一九七九年三月に発生したアメリカのスリーマイル島原子力発電所での事故は、同発電所と同じ軽水炉

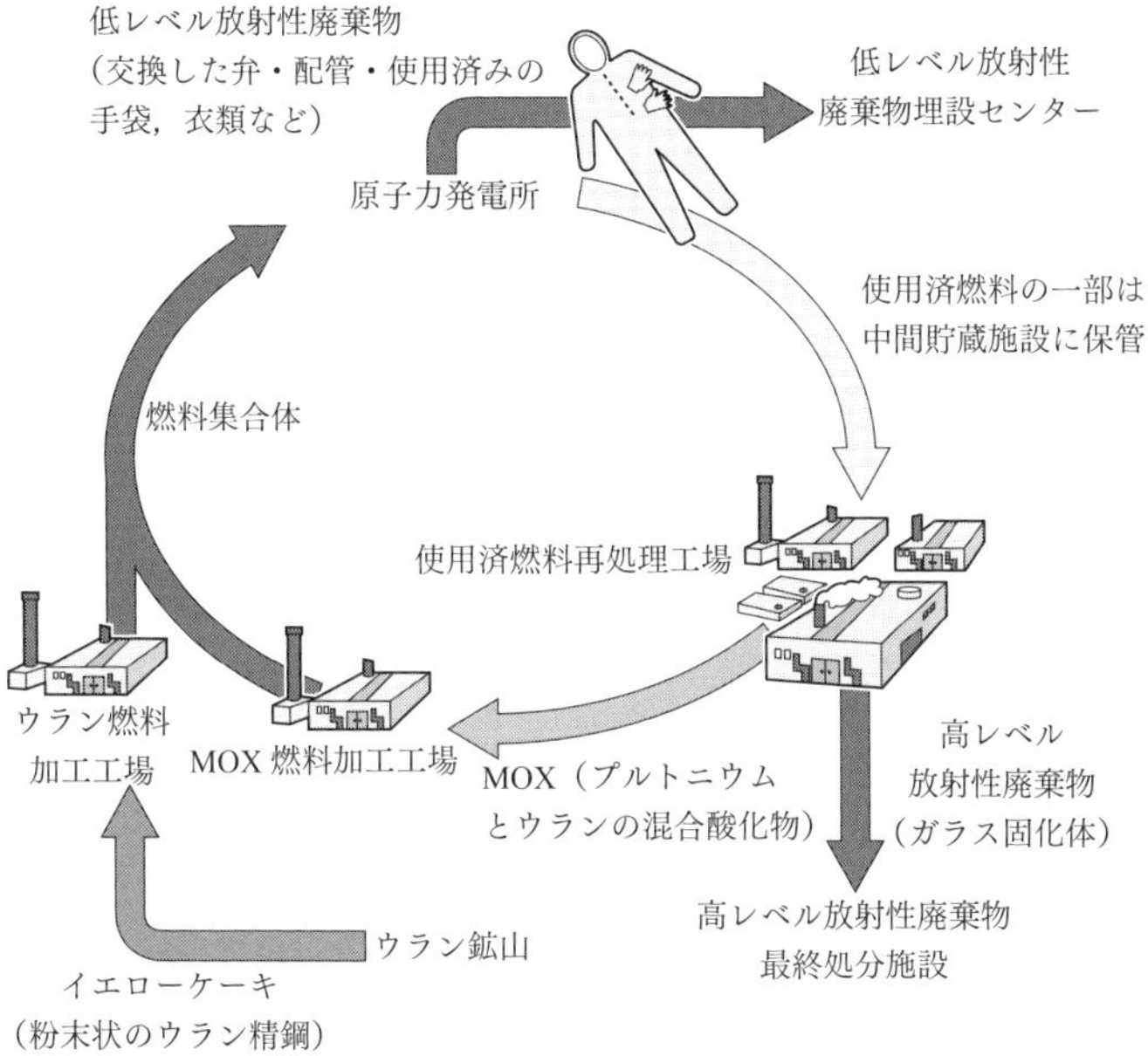


図 2－1　軽水炉を中心とした核燃料サイクルの概要

出所）経済産業省編『エネルギー白書 2004 年版』（2004 年）。

を使用する日本の原子力発電所の安全性に対する危惧を強めることになった。これらの点をふまえれば、一九七四～八五年の時期には、核燃料サイクルに関する「夢」は存在したものの、原子力発電そのものの是非をめぐっては、国論が真っ二つに分裂したと言う方が正確であろう。

政府と電力業界は、原子力発電の安全性の確保に努め、不安感や不信感を払拭することに力を注いだ。原子力安全行政を強化するため、一九七八年一〇月に、原子力委員会と別個に原子力安全委員会が発足し、原子力発電の安全規制を専任で担当するようになった。翌一九七九年一月には、発電用原子炉について通商産業省が安全規制行政を一貫して遂行することとなり、同省の行った原子炉設置許可にかかわる安全審査に関して、原子力安全委員会がダブルチェックするシステムへ移行した。

政府と電力業界は、核燃料サイクルの確立や高速増殖炉の実用化のためにも、足並みをそろえた。動力炉・核燃料開発事業団(動燃)の高速増殖炉実験炉「常陽」は一九七七年四月に茨城県大洗町で、同じく動燃の新型転換炉原型炉「ふげん」は一九七八年三月に福井県敦賀市で、いずれも臨界に達した。九電力会社と日本原子力発電㈱は、関連メーカーや金融機関の協力を得て、一九八〇年三月に使用済み核燃料の再処理に携わる日本原燃サービス㈱を、一九八五年三月にはウラン濃縮を事業とする日本原燃産業㈱を、それぞれ設立した。日本原燃サービス㈱と日本原燃産業㈱の両社は、一九八五年四月、青森県および六ヶ所村と、「原子燃料サイクル施設の立地への協力に関する基本協定書」を締結した。そして、一九八六年一月にフランスで高速増殖炉スーパーフェニックスが運転を開始したことも、日本における核燃料サイクル確立、高速増殖炉実用化をめざす動きにとって、追い風となった。

官民一体となっての原子力へのシフトが進行するなか、日本原子力発電㈱は、一九七八年一一月に、茨城県の東海村で、東海第二発電所の営業運転を開始した。沸騰水型軽水炉を採用した同発電所は、単機で一一〇万kWという出力を実現した点に最大の特徴があり、軽水炉大型化時代のパイオニア的存在となった。

原子力開発の重点的追求を反映して、一九七五年一〇月に九州電力が玄海原子力発電所、一九七六年三月に中部電力が浜岡原子力発電所、一九七七年九月に四国電力が伊方原子力発電所、一九八四年六月に東北電力が女川原子力発電所の運転を、それぞれ開始した。この結果、一九七三年度末までに原子力発電所の運転を始めていた関西電力・東京電力・中国電力の三社にこれら四社を加えて、一九八五年度末には、九電力会社中七社が、自社の電源として原子力発電所を擁するようになっていた。前掲表2‐1からわかるように、一九七四〜八五年度には商業用の原子力発電施設が九基新設され、一七基増設されたわけであり、国論が分裂する状況下で、日本は「大原子力時代」を迎えたとみなすことができる。[21]

このようにわが国では、一九七四〜八五年の時期に、原子力開発に重点をおく形で電源開発が進められた。一九七四〜八五年度における発電設備出力の増加率（年率）を電源別にみると、火力が日本全体で三・八%、九電力会社で四・〇%、水力が日本全体で三・六%、九電力会社で四・五%であったのに対して、原子力は日本全体で二一・九%、九電力会社で二三・八%に達した。また、同じ期間における電源別の発電電力量増加率（年率）も、火力が日本全体で〇・七%、九電力会社で〇・七%、水力が日本全体で一・七%、九電力会社で一・八%にとどまったのに対して、原子力は日本全体で二六・三%、九電力会社で三〇・二%に及んだ。[22] 原子力の増加率が発電設備出力面よりも発電電力量面で顕著であったのは、原子力電源をベース用として使う方式が定着し、原子力発電所の稼働率が高まったからである。

原子力中心の電源開発が進んだ結果、一九八五年度末における発電設備出力の電源別構成は、日本全体で火力六五・〇%、水力二〇・三%、原子力一四・六%、地熱〇・一%、九電力会社で火力六三・三%、水力一八・八%、原子力一七・八%、地熱〇・一%となり、原子力が主要な電源の一角を占めるにいたった。また、一九八五年度における発電電力量の電源別構成は、日本全体で火力六三・二%、原子力二三・七%、水力一三・一%、九電力会社で火力五八・三%、原子力二九・五%、水力一二・二%となり、原子力が水力を凌駕した[23]。

ただし、ここで注意を要するのは、一九八五年度の時点でも、発電設備出力および発電電力量の六〇%前後を火力が占めていたことである。その結果、一九七四~八五年度においても、発電電力量の増加幅については原子力が火力を凌駕したものの、発電設備出力の増加幅については火力が原子力を上回った。これは、電源の脱石油化の一環として、原子力発電所だけでなく、LNG火力発電所や石炭(海外炭)火力発電所も積極的に建設されたことを反映したものである。

## 3　国策民営方式による調整　一九八六〜二〇〇二年

一九七〇年代に急増した九電力会社の原子力開発投資（原子力拡充工事資金実績）は、一九八〇年代前半をピークにして一九八〇年代後半から減少し始め、一九九〇年代前半には九電力会社の火力開発投資（火力拡充工事資金実績）を下回るようになった。また、九電力会社の拡充工事資金実績に占める原子力拡充工事資金実績の比率も、一九八三年度の三四・一％を頂点にして、それ以後は低下傾向をたどった[24]。

このように一九八〇年代後半以降の日本では、「大原子力時代」にかげりが生じ、原子力開発のペースが明らかにダウンした。これは、日本に限られた現象でなく、諸外国においても原子力開発のペースがスローダウンした。それをもたらしたのは、一九八六年四月のソ連・チェルノブイリ原子力発電所事故をきっかけとする国際的な原子力発電反対運動の高まりであった。チェルノブイリ原子力発電所事故の悲惨な実態が明らかになるにつれて、世界的規模で、「原発離れ」が起こったのである。

チェルノブイリ原子力発電所事故以後日本でも、原発反対運動に、若年層や婦人層など、従来よりも広範な層が参加するようになった。例えば、一九八八年二月に四国電力が伊方原子力発電所二号機の出力調整運転を実施した際には、かつてない広がりをもった反原発運動が展開され、運動の「ニューウェーブ」と呼ばれた。この点について、四国電力株式会社『四国電力四〇年のあゆみ』（一九九二年）は、次のように述べている。

六三年〔昭和六三年＝一九八八年――引用者〕二月、当社は伊方二号機において、加圧水型炉を有する電力各社の共同研究として出力調整運転試験を実施した。

この試験は国の安全審査の範囲内で行ったものであるが、チェルノブイリ事故後若年層や婦人層を中心に広がった不安感を背景に、一部の反原子力運動家の活動と相まって、市民グループを中心に全国レベルの反対運動に発展した。当社は、試験の必要性や安全性などについて積極的に広報活動を行ったが、二月十日から一二日にかけて当社本店周辺に反対派が座り込むなど、この問題は社会的にも大きくクローズアップされた。

試験そのものは順調に行われ、予定どおり二月一二日に終了した〔六五頁〕。

もちろん、一九八六年以降の時期にも、日本の電源開発全体のなかで原子力開発は相対的に重視されていたから、原子力発電所の新増設は継続した。しかし、前掲表2－1が示すように、原子力開発のペースは、明らかにスローダウンした。とくに、一九七四～八五年度に九カ所にのぼった原子力発電所の新規立地は、一九八六～九四年度には二カ所にとどまった。その二カ所も、それまで九電力会社のなかで原子力開発の点で取り残されていた北海道電力と北陸電力が、それぞれ泊原子力発電所と志賀原子力発電所を運転開始したものであった。早くも、一九八六～九四年度には、わが国で原子力発電所を新規立地することは、困難になったのである。

一九八六～九四年の時期の日本では、原子力開発がペースダウンするなかで、核燃料サイクルの構築をめざす動きも、当初の予定通りには進展しなかった。それでもまだ、この時期には、放射性廃棄物を廃棄する事業を法的に根拠づけた一九八六年五月の原子炉等規制法の一部改正、アメリカ産核燃料の再処理やプルトニウム利用等についての同意の仕組みを導入した一九八七年一一月の新日米原子力協力協定の締結、青森県六ヶ所村での日本原燃産業㈱による一九九二年三月のウラン濃縮工場の操業開始、日本原燃サービス㈱と日本原燃産業㈱との合併による一九九二年七月の日本原燃株式会社の発足、六ヶ所村での日本原燃㈱による一九九二年一二月の低レベル放射性廃棄物埋設センターの操業開始、福井県敦賀市での動燃による一九九四年四月の高速増殖炉原型炉「もんじゅ」の臨界など、核燃料サイクルの構築や高速増殖炉の実用化をめざす動きは、ある程度の進展を示した。

しかし、一九九〇年代後半になると、日本の原子力開発にとって、影の側面と呼ぶべき事象が、あいついで現出するにいたった。それは、ひとまず、次の二点にまとめることができる。

第一に、国内外の原子力発電関連施設でいくつかの重大事故が発生し、原子力開発の安全性に対する信頼が揺らいだ点を、指摘しなければならない。一九九五年一二月の動燃の高速増殖炉原型炉「もんじゅ」でのナトリウム漏れ事故、一九九七年三月の動燃東海再処理施設（茨城県東海村）での爆発事故、一九九七年四月の動燃新型転換炉原型炉「ふげん」（福井県敦賀市）での重水漏れ事故[25]、一九九九年九月のジェー・シー・オー（ＪＣＯ）加工施設（茨城県東海村）での臨界事故など、原子力発電関連施設の重大事故があいついだ。これらの事故は、いずれも、原子力開発に対する国民の信頼を損なうものであった。

第二に、核燃料サイクルの確立が、当初の期待とは異なり、十分な進展をみせなかった点も、問題である。核燃料サイクルをめぐる状況は、一九九〇年代中葉になると暗転した。

日本国内における核燃料サイクル関連施設での一連の事故の影響や、一九九七年六月のフランスにおける高速増殖炉実証炉スーパーフェニックスの閉鎖の表明などによって、核燃料サイクル確立の取組みは、大幅に立ち遅れてしまった。とくに、一九九五年の事故で動燃の高速増殖炉原型炉「もんじゅ」が運転を停止したため、国のプルトニウム利用政策は、根本的な再検討を迫られることになった。

上記の二つの問題に対して、原子力行政の面では、原子力安全行政の組織改編や、プルサーマルの導入などの措置がとられた。

安全行政の組織改編策としては、二〇〇〇年四月に、国家行政組織法八条にもとづく原子力安全委員会の独立と、同委員会の事務局体制の拡充が実施された。また、二〇〇一年一月の省庁再編に際して、経済産業省の資源エネルギー庁に原子力安全・保安院が設置された[26]。原子力安全・保安院は、省庁再編以前に科学技術庁が所掌していた原子力安全行政の一部と、通商産業省が所管していた原子力安全行政を、一元的に統轄することになった。

プルトニウムを既存の軽水型発電炉でウランの代わりに燃焼させるプルサーマル（plutonium thermal use）については、一九九五年六月に原子力安全委員会が条件つきで承認する旨の判断を示した。しかし、一九九九年九月にイギリス核燃料会社（ＢＮＦＬ）による燃料製造データの改ざんが発覚するなどしたため、プルサーマルの実施は、暗礁に乗り上げてしまった。

一方、一九八〇年代後半以降の時期には、原子力発電の社会的機能が新たな角度から注目されるようになった。地球環境問題対策の一つの柱である二酸化炭素（$CO_2$）排出量削減に原子力発電が貢献するという機能がそれであり、これは、二〇世紀末に原子力開発が新しく有するようになった光の側面とみなすことができる。

一九八〇年代半ばごろから、世界的に、酸性雨による生物被害、フロンガスによるオゾン層破壊、$CO_2$による地球温暖化など、国境を越えた地球規模の環境問題がクローズアップされ始めた。地球環境問題のなかで、最も対応が困難なものは、温室効果ガスの排出による地球温暖化現象である。主要な原因とされる$CO_2$は、人間の諸活動にともなって必然的に排出されるものなので、この問題の解決策を見出すことは、容易ではない。しかも、地球温暖化問題は、電力業界と深いかかわりがある。

日本における各種温室効果ガスの排出割合をみると、エネルギー利用に起因する$CO_2$が大きな部分（一九九七年度で八三％）を占める。地球温暖化問題は、$CO_2$問題であり、エネルギー問題であると指摘されるのは、このためである。わが国では、供給面での電力化率、つまり、一次エネルギーの総供給に占める電力用エネルギーの比率が、高い水準（一九九八年度で四一％）に達している。地球温暖化問題を解決するうえで、電力業が負うべき責任と果たすべき役割は、きわめて大きいのである。

ここで注目すべき点は、原子力発電が、$CO_2$ の排出量の抑制という点ですぐれた特性をもっていることである。電力中央研究所の報告にもとづいて算出すると、各種発電プラントの $CO_2$ 排出原単位は、一kWh当たり、石炭火力が九九〇g-$CO_2$、石油火力が七三三g-$CO_2$、ＬＮＧ火力が六五三g-$CO_2$、ＬＮＧコンバインド火力が五〇九g-$CO_2$となるのに対して、原子力は一一～二二g-$CO_2$にとどまるのである（ちなみに、水力は一八g-$CO_2$、地熱は二二g-$CO_2$、太陽光は五九g-$CO_2$、風力は三七g-$CO_2$となる）[27]。原子力発電の新たな機能として、地球温暖化対策の柱である$CO_2$排出量削減に貢献するという点が注目されるようになったのは、このような事情によるものであった。

以上のように、一九九〇年代後半の日本では、原子力開発をめぐっての光の側面と影の側面が交錯したわけであるが、全体的にみれば、影の側面が前面に出たと言わざるをえない。わが国における原子力開発は、この時期に、大きな転機を迎えるにいたったのである。

原発反対運動の高まりに対抗して原子力開発を推進するためには、九電力会社は、「国のエネルギー政策への協力」という「お墨付き」を必要不可欠とするようになった。[28] 二〇〇〇年の時点で鈴木達治郎（電力中央研究所上席研究員＝当時）は、日本の原子力開発について、「原子力はこれまでずっと国家主導でやってきた。〔中略〕原子力はもともとは軍事目的で開発された。その後も、研究開発にも商業化にもかなりリスクがあるため、国の主導でないとできなかった」[29]と振り返っているが、この指摘は正鵠を射ている。原子力開発における国家の主導性は、原子力反対運動が高まりをみせた一九八〇年代後半以降、いっそう顕著になった。「国策への協力」というお墨付きを必要不可欠とするようになった日本の原子力発電事業は、「国策民営」の性格を色濃くするようになったのである。[30]

国策民営方式による調整にもかかわらず、一九九〇年代後半になると、日本の原子力開発はいっそう停滞した。前掲表2－1に示したとおり、一九九五～二〇〇二年度には、原子力発電所の新規立地はなかった。

二〇〇〇年度末における発電設備出力の電源別構成についてみると、日本全体で火力六四・四％、原子力一七・五％、水力一七・九％、地熱〇・二％、風力〇・〇％であり、九電力会社で火力六〇・六％、原子力二一・八％、水力一七・四％、地熱〇・二％、風力〇・〇％であった。原子力のウェートは、一九九四年度末時点に比べて、日本全体では〇・八ポイント、九電力会社では〇・五ポイント低下したことになる(31)。

また、二〇〇〇年度における発電電力量の電源別構成は、日本全体で火力六一・三%、原子力二九・五%、水力八・九%、地熱〇・三%、風力〇・〇%であり、九電力会社で火力五三・一%、原子力三八・一%、水力八・四%、地熱〇・四%であった。この面では、原子力のウェートは、一九九四年度の電源別発電電力量構成に比べて、日本全体では一・六ポイント、九電力会社では三・八ポイント上昇したわけである(32)。

日本において、原子力開発をめぐる影の側面が光の側面より前面に出る状況は、二〇〇〇年代初頭にも継続した。例えば、二〇〇二年夏には、東京電力による原子力発電トラブル隠蔽事件(33)が発覚した。

## 4 原子力ルネサンスと政策的支援 二〇〇三〜一〇年

二〇〇三年以降の時期の日本においても、原子力開発をめぐる影の側面と呼ぶべき事象の現出は続いた。まず、二〇〇四年八月に、関西電力の美浜原子力発電所三号機で配管が破裂し、高温の蒸気が噴出して、五名の犠牲者を出す大事故となった。また、二〇〇七年三月には、北陸電力と東京電力が、それぞれ、志賀原子力発電所一号機（一九九九年）と福島第一原子力発電所三号機（一九七八年）で、過去において臨界事故が生じていたにもかかわらず、その事実を隠蔽していたことを公表した。さらに、二〇〇七年七月に発生した新潟県中越沖地震の影響で、東京電力の柏崎刈羽原子力発電所は、長期にわたって運転を停止することを余儀なくされた。

ただし、ここで注目すべき点は、これらの事象が続いたにもかかわらず、二〇〇三年以降の時期には、日本の原子力開発をめぐって、影の側面に代わり光の側面が前面に出るようになったことである。その理由は、二つある。

第一は、地球温暖化問題がさらに深刻化するなかで、温暖化を防止するために必要な$CO_2$（二酸化炭素）排出量削減策として、原子力発電に対する期待がいっそう高まったことである。$CO_2$排出量の抑制に関しては、一九九七年一二月に京都で開催された「気候変動枠組み条約第三回締約国会議」（COP3）において、いわゆる「京都議定書」が採択されたことが重要な意味をもった。この議定書は、$CO_2$などの温室効果ガスの削減を宣言したものであり、日本については、二〇〇八年から二〇一二年までの第一次約束期間の平均で、$CO_2$などの温室効果ガスの排出量を一九九〇年水準に比べて六％削減することを取り決めた。この六％削減目標をクリアするうえで、原子力発電に寄せられる社会的期待が、第一次約束期間が近づくにつれて高まりをみせたのである。

第二は、原油価格上昇の影響を緩和するエネルギー・セキュリティの確保策として、原子力開発が有効であることが実証されたことである。一九九〇年代には低水準で推移していた原油価格は、一九九九年三月の主要産油国会議で、OPEC（石油輸出国機構）の大幅減産、サウジアラビアとイランとの協調、非OPEC諸国の協調減産が決定されたことを一つのきっかけとして、上昇に転じた。中東産油国での供給余力の後退、中国・インドを先頭とする世界規模での需要の急伸、国際価格の決定に大きな影響力をもつアメリカ市場での需給逼迫、イラク戦争やイラン問題をはじめとする地政学上のリスクの高まりなどの諸要因に、投機的資金のターゲットとされたことも加わって、一九九九年初には一〇ドル強／バレルであったWTI（West Texas Intermediate）価格（一カ月先物）[34]は、二〇〇八年七月には一時一四七ドル／バレルを上回るにいたった。[35]このような急激な原油価格の上昇にもかかわらず、原子力開発を中心にして電源の脱石油化に成果をあげてきた日本の電力各社は、一九七〇年代の石油危機時のような電気料金値上げを回避することができた。エネルギー・セキュリティを確保するうえで原子力開発が有効であることが、きわめてリアルな形で確認されたのである。

ここで指摘した二つの要因は、日本だけでなく、諸外国においても基本的には同様に作用した。そのため、二〇〇三年ごろから世界的規模で、それまでの「原発離れ」が後景に退き、「原発回帰」の動きが目立つようになった。チェルノブイリ原子力発電所事故以降、原子力発電所の新規発注がストップしていたヨーロッパでは、二〇〇三年にフィンランド、二〇〇四年にフランスで新規発注があり、天然ガスシフトを強めていたイギリスでも、二〇〇七年のエネルギー白書において「原子力発電のオプション確保」を確認した。一方、アメリカでも、二〇〇五年に成立した包括エネルギー政策法が原子力開発の積極化を明確に打ち出し、二〇〇七年七月時点で、一七の電力会社が二一基の原子力発電設備の発注を計画するにいたった。このほか、アジアでも原子力発電所の建設計画が目白押しであり、二〇〇三年ごろから世界的規模で、「原子力ルネサンス」と呼ばれる状況が現出したのである[36]。

「原子力ルネサンス」は、日本にも波及した。そのきっかけとなったのは、二〇〇四年一一月に発表された原子力委員会新計画策定会議『核燃料サイクル政策についての中間と

**表2－2　バックエンド問題に関する4つのシナリオの経済性の比較**

（単位：円／kWh）

| シナリオ | (1) | (2) | (3) | (4) |
|---|---|---|---|---|
| A. 原子力発電コスト | 約5.2 | 約5.0〜5.1 | 約4.5〜4.7 | 約4.7〜4.8 |
| うち「核燃料サイクルコスト」 | 約1.6 | 約1.4〜1.5 | 約0.9〜1.1 | 約1.1〜1.2 |
| B. 政策変更コスト | 0 | 0 | 約0.9〜1.5 | 約0.9〜1.5 |
| 合　計（A＋B） | 約5.2 | 約5.0〜5.1 | 約5.4〜6.2 | 約5.6〜6.3 |

出所）鈴木達治郎「エネルギー——国策民営の原子力発電」工藤章／橘川武郎／グレン・D・フック編『現代日本企業2　企業体制（下）　秩序変容のダイナミクス』（有斐閣，2005年）。原資料は，原子力委員会新計画策定会議『核燃料サイクル政策についての中間とりまとめ』（2004年11月12日）。

注1）シナリオ（1）〜（4）の内容については，本文参照。

2）ここで言う「核燃料サイクルコスト」とは，使用済み核燃料の処理コストのことである。したがって，再処理方式（核燃料サイクル路線）をとらないシナリオ（3）ないしシナリオ（4）においても，「核燃料サイクルコスト」が生じることになる。

りまとめ』（二〇〇四年一一月一二日）である。

この文書は、今後わが国で原子力開発を進めるうえで大きなリスク要因となるバックエンド問題（原子力発電所で使用済みの核燃料の処理問題）について、直接処分方式を否定し、既定路線である再処理方式（核燃料サイクル路線）の維持を打ち出した。同文書は、使用済み核燃料を(1)全量再処理する、(2)再処理するが、再処理工場の設備能力を超える部分は直接処分する、(3)全量直接処分する、(4)当面貯蔵し、その後、再処理するか直接処分するかを決める、という四つのシナリオについて比較検討を行い、経済性に関しては、表2－2に示したような数値を導き出した。この数値を根拠にして『核燃料サイクル政策についての中間とりまとめ』は、直接処分方式の方が「核燃料サイクルコスト」（使用済み核燃料の処理コスト）の点ではすぐれているが、貯蔵プール満杯による原子力発電所の運転停止がもたらす「政策変更コスト」（六ヶ所村の再処理施設を廃棄するコストや、停止した原子力発電所を代替する火力発電所を建設するコストなど）を考慮に入れると、総合的には再処理方式の方がまさっており、既定路線である再処理方式を維持すべきだと主張した。

二〇〇四年の『核燃料サイクル政策についての中間とりまとめ』結論にもとづいて、日本政府は、二〇〇五年一〇月に『原子力政策大綱』を閣議決定し[37]、バックエンド問題に関して再処理方式の堅持を再確認した。また、同月には、再処理に必要な資金を電気料金の一部として徴収し積み立てる仕組みを構築する目的で、使用済燃料再処理積立・管理法が施行された。これらを受けて、青森県六ヶ所村にある日本原燃㈱の再処理工場では、二〇〇六年三月末から本格的な試運転に当たるアクティブ試験が開始された。なお、日本原燃㈱の再処理工場は、その後いく度も竣工が延期され、二〇一一年六月時点でいまだに完成をみていない。

日本における原子力ルネサンスの動きは、その後も加速した。例えば、経済産業省は、二〇〇六年五月に発表した『新・国家エネルギー戦略』のなかで、原子力開発をエネルギー・セキュリティ確保にとっての要件として高く位置づけ、「原子力立国計画」をとりまとめた[38]。この「原子力立国計画」は、原子力政策の基本方針として、

I．「中長期的にブレない」確固たる国家戦略と政策枠組みの確立、

II．個々の施策や具体的時期については、国際情勢や技術の動向等に応じた「戦略的柔軟さ」を保持、

III．国、電気事業者、メーカー間の「三すくみ構造」の打破。このため関係者間の真のコミュニケーションを実現し、ビジョンを共有。先ずは国が大きな方向性を示して、最初の第一歩を踏み出す、

IV．国家戦略に沿った個別地域施策の重視、

V．「開かれた公平な議論」に基づく政策決定による政策の安定性の確保、

という五点を掲げた。

原子力ルネサンスの動きが強まるなかで、二〇〇五年一二月には、日本国内の原子力発電所として一二年ぶりの新規立地となる、東北電力の東通原子力発電所一号機（一一〇万kW）が運転を開始した（前掲表2－1）。また、二〇〇九年一二月に九州電力玄海原子力発電所三号機、二〇一〇年三月に四国電力伊方原子力発電所三号機、二〇一〇年一〇月に東

京電力福島第一原子力発電所三号機、二〇一一年一月に関西電力高浜原子力発電所三号機で、それぞれ、プルサーマル発電での営業運転が開始された。二〇〇三年以降の時期の日本においては、原子力開発をめぐる光の側面が影の側面より前面に出るようになったと言うことができる。

## 5　歴史の教訓

日本における原子力発電とそれへの政策的関与の歴史的変遷に関するここまでの検討から、そこでは、電力業の産業組織、安全性をめぐる問題、エネルギー情勢や環境問題などの複雑な要因が作用し、多元的な状況が生み出されたことが判明する。原子力開発をめぐり光の側面と影の側面が交錯したのは、このような多元的な状況が生み出した結果であった。

原子力発電の歴史は、我々に重要な教訓を与える。それは、原子力無条件賛成ないし原子力絶対反対という原理的な対応では、問題を真に解決することができないということである。原子力開発をめぐる多元方程式の最適解を得るには、原子力発電のメリットとデメリットの双方を直視し、そのバランスを考慮したうえで結論を導く、冷静で現実的な姿勢が何よりも求められる。

本書では、このような観点に立って、以下の各章で原子力発電の肯定的側面と否定的側面に目を向ける。まず、第3章と第4章で、原子力発電の否定的側面について直視する。その後、第5章では肯定的側面について論じ、第6章では両者のバランスについて考える。

# 第3章 原子力発電の何が問題か

## 1　重大事故の発生

原子力発電は、さまざまな問題を抱えている。本章と次章では原子力発電の否定的側面について目を向けるが、ここで見落とすことができないのは、原子力発電が二〇一一年の福島第一原子力発電所の事故が発生する以前から、問題を有していた点である。この章ではその点を取り上げ、福島第一原発事故が明らかにした問題については次章で言及することにする。

福島第一原発事故以前から存在した原子力発電の問題点としては、まず、重大事故の発生と情報の隠蔽をあげることができる。これらは、いわば「あってはならない事象」であるが、そのほかにも、原子力発電を国策民営方式で運営することにかかわる問題点がある。

電源三法交付金による立地、バックエンド問題の未解決などが、それである。以下では、これらの問題点を順次掘り下げる。

原子力発電を行ううえで、安全を確保することは、言うまでもなく基本的な前提条件である。そうであるにもかかわらず、福島第一原子力発電所事故以前にも国内外において、いくつかの重大事故が発生した。図3－1は、二〇一〇年六月の時点で経済産業省が、日本と海外で発生した主要な原子力発電関連施設の事故を、INES（国際原子力事象評価尺度）にもとづいて区分したものである。この図から、

・一九五七年にはイギリスのウインズケール原子炉でレベル5の「広範囲な影響を伴う事故」、
・一九七九年にはアメリカのスリーマイルアイランド（島）発電所でレベル5の「広範囲な影響を伴う事故」、
・一九八〇年にはフランスのサンローラン発電所でレベル4の「局所的な影響を伴う事故」、
・一九八六年には旧ソ連のチェルノブイリ発電所でレベル7の「深刻な事故」、
・一九八九年にはスペインのバンデロス発電所でレベル3の「重大な異常事象」（火災

事故)、
・一九九一年には日本の美浜発電所二号機でレベル2の「異常事象」(蒸気発生器伝熱管損傷事故)、
・一九九五年には日本の「もんじゅ」でレベル1の「逸脱」(ナトリウム漏れ事故[39])、
・一九九九年には日本の敦賀発電所二号機でレベル1の「逸脱」(一次冷却水漏えい事故)、

| | |
|---|---|
| 基準 3<br>深層防護 | |
| | |
| ・安全設備が残されていない原子力発電所における事故寸前の状態。<br>・高放射能密封線源の紛失または盗難。<br>・適切な取扱い手順を伴わない高放射能密封線源の誤配。 | スペイン・バンデロス発電所火災事象（1989 年） |
| ・実際の影響を伴わない安全設備の重大な欠陥。<br>・安全設備が健全な状態での身元不明の高放射能密封線源，装置，または，輸送パッケージの発見。<br>・高放射能密封線源の不適切な梱包。 | 美浜発電所 2 号機蒸気発生器伝熱管損傷事象（1991 年） |
| ・法令による限度を超えた公衆の過大被ばく。<br>・十分な安全防護層が残ったままの状態での安全機器の軽微な問題。<br>・低放射能の線源，装置または輸送パッケージの紛失または盗難。 | 「もんじゅ」ナトリウム漏れ事故（1995 年）<br>敦賀発電所 2 号機 1 次冷却材漏れ（1999 年）<br>浜岡発電所 1 号機余熱除去系配管破断（2001 年）<br>美浜発電所 3 号機 2 次系配管破損事故（2004 年） |
| 0 ＋ 安全に影響を与え得る事象 | |
| 0 − 安全に影響を与えない事象 | |
| 事　象 | |

評価尺度）による区分（2010 年 6 月

れたレベルもしくは試行で評価されたレベルを表

| | レベル | 基準 | | | |
|---|---|---|---|---|---|
| | | 基準1<br>人と環境 | | 基準2<br>施設における放射線バリアと管理 | |
| 事故 | 7<br>（深刻な事故） | ・計画された広範な対策の実施を必要とするような，広範囲の健康および環境への影響を伴う放射性物質の大規模な放出。 | 旧ソ連・チェルノブイリ発電所事故（1986年） | | |
| 事故 | 6<br>（大事故） | ・計画された対策の実施を必要とする可能性が高い放射性物質の相当量の放出。 | | | |
| 事故 | 5<br>（広範囲な影響を伴う事故） | ・計画された対策の一部の実施を必要とする可能性が高い放射性物質の限定的な放出。<br>・放射線よる数名の死亡。 | イギリス・ウインズケール原子炉事故（1957年） | ・炉心の重大な損傷。<br>・高い確率で公衆が著しい被ばくを受ける可能性のある施設内の放射性物質の大量放出。これは，大規模臨界事故または火災から生じる可能性がある。 | アメリカ・スリーマイルアイランド発電所事故（1979年） |
| 事故 | 4<br>（局所的な影響を伴う事故） | ・地元で食物管理以外の計画された対策を実施することになりそうもない軽微な放射性物質の放出。<br>・放射線による少なくとも1名の死亡。 | JCO臨界事故（1999年） | ・炉心インベントリーの0.1%を超える放出につながる燃料の溶融または燃料の損傷。<br>・高い確率で公衆が著しい大規模被ばくを受ける可能性のある相当量の放射性物質の放出。 | フランス・サンローラン発電所事故（1980年） |
| 異常な事象 | 3<br>（重大な異常事象） | ・法令による年間限度の10倍を超える作業者の被ばく。<br>・放射線による非致命的な確定的健康影響（例えば，やけど）。 | | ・運転区域内での1Sv／時を超える被ばく線量率。<br>・公衆が著しい被ばくを受ける可能性は低いが設計で予想していない区域での重大な汚染。 | |
| 異常な事象 | 2<br>（異常事象） | ・10mSvを超える公衆の被ばく。<br>・法令による年間限度を超える作業者の被ばく。 | | ・50mSv／時を超える運転区域内の放射線レベル。<br>・設計で予想していない施設内の区域での相当量の汚染。 | |
| 異常な事象 | 1<br>（逸　脱） | | | | |
| 尺度未満 | 0<br>（尺度未満） | 安全上重要ではない事象 | | | |
| 評価対象外 | | 安全に関係しない | | | |

## 図3-1　主要な原子力発電関連施設事故のINES（国際原子力事象<br>時点）

出所）経済産業省「INES（国際原子力・放射線事象評価尺度）」（2010年6月4日）。
注）INESが正式に運用される以前に発生したトラブルについては，推定で公式に評価さ
記。

・一九九九年には日本のＪＣＯでレベル４の「局所的な影響を伴う事故」（臨界事故）、
・二〇〇一年には日本の浜岡発電所一号機でレベル１の「逸脱」（余熱除去系配管破断事故）、
・二〇〇四年には日本の美浜発電所三号機でレベル１の「逸脱」（二次系配管破損事故）、
などの重大事故があいついだことが判明する。

国内外の原子力発電関連施設で重大事故が発生したことを受けて、日本国内では、原子力安全行政の拡充、強化が図られた。まず、一九七八年一〇月に、原子力委員会と別個に原子力安全委員会が発足し、原子力発電の安全規制を専任で担当するようになった。翌一九七九年一月には、発電用原子炉について通商産業省が安全規制行政を一貫して遂行することとなり、同省の行った原子炉設置許可にかかわる安全審査に関して、原子力安全委員会がダブルチェックするシステムへ移行した。

その後、一九九九年九月のＪＣＯ臨界事故の教訓をふまえて、重大な事故が発生した場合、内閣総理大臣を本部長とする原子力災害対策本部を設置することなどを規定した原子力災害対策特別措置法が、一九九九年一二月に制定された（施行は二〇〇〇年六月）。また、原子力保安検査官の原子力施設への配置、事業者の保安規定遵守状況の検査制度の創設などを内容とする、原子炉等規制法の改正も同時に行われた。さらに、安全行政の組織改編策としては、二〇〇〇年四月に、国家行政組織法八条にもとづく原子力安全委員会の独立と、同委員会の事務局体制の拡充が実施された。

その後、二〇〇一年一月の省庁再編に際して、原子力安全行政のあり方にとって重要な意味をもつ、新たな措置が講じられた。経済産業省の資源エネルギー庁に原子力安全・保安院が設置されたことが、それである。原子力安全・保安院は、省庁再編以前に科学技術庁が所掌していた原子力安全行政の一部と、通商産業省が所管していた原子力安全行政を、一元的に統轄することになった[40]。

これら一連の原子力安全行政の拡充、強化策は、はたして適切で十分なものであっただろうか。福島第一原子力発電所の事故が発生した今日、この点が鋭く問い直されている。この論点については、本書の第7章であらためて取り上げる。

## 2　情報の隠蔽

福島第一原子力発電所事故以前に生じた原子力発電にかかわる「あってはならない事象」は、重大事故の発生のみにとどまらない。情報の隠蔽もまた、大きな社会問題となった。ここでは、その代表的な事例として、二〇〇二年に表面化した東京電力の原子力発電トラブル隠蔽事件に目を向ける。

この事件は、アメリカ在住のGE（ゼネラル・エレクトリック）社の作業関係者が二〇〇〇年七月に行った内部告発に端を発し、二〇〇二年八月に新聞報道等で表面化した[41]。内部告発等で「一九八〇年代後半から九〇年代にかけて、自主点検作業記録などに虚偽の記載などが行われた可能性」があるとされた二九件のうち、二〇〇二年九月にまとめられた東京電力自身の調査[42]によっても、「事実隠しや記録の修正などの不適切な点が認められたもの」が一六件に及んだ。さらに、二〇〇二年一〇月には、東京電力が一九九一年六月と一九九二年六月に行った福島第一原子力発電所一号機の定期検査の際に、圧縮空気の格納容器内への注入などの不正行為を行っていたことも確認された[43]。一連の事件の責任をとって、東京電力の荒木浩会長・南直哉社長・榎本聡明副社長（原子力本部長兼務）・平岩外四相談役・那須翔相談役は二〇〇二年九～一〇月に辞任し、後任の社長には勝俣恒久が二〇〇二年一〇月に就任した（役職は当時のもの。以下同様）。

一九八〇年代後半から二〇〇〇年代初頭にかけて進行した東京電力による原子力発電トラブルの隠蔽は、弁解の余地がない明らかな不正行為である。そして、事態がいっそう深刻であるのは、その不正行為が、当時、九電力会社のなかで電力自由化への対応が最も進んでいると言われていた東京電力によって実行されたからである。

すでに別の機会に論じたように、[44]東京電力は、一九八〇年代後半以降、私企業性を徐々に取り戻し、経営における能動性と戦略的観点を再び明確にするようになった。また、荒木会長と南社長の電力自由化に対する姿勢は、原子力発電に反対する論者からも、電力業界のなかでは相対的に進歩的だとみなされていた。[45]その東京電力が原子力発電トラブルの隠蔽を引き起こし、荒木会長と南社長が引責辞任したわけであるから、「事態がいっそう深刻」なのである。

原子力発電トラブルの隠蔽が続いていた最中、東京電力のトップマネジメントは、その情報に接していなかった可能性がある。もちろん、知らなかったからといって彼らの責任がいささかも減ずるわけではないが、もともと、事実上「国策民営」の事業形態をとる原子力発電事業は、民有民営の企業形態をとる九電力会社のなかで、きわめて異質な事業分野であった。東京電力の原子力発電トラブル隠蔽事件は、九電力各社のなかに「原子力ムラ」[46]と呼ばれる、トップマネジメントも十分には立ち入ることができない「聖域」が存在したことを立証しているように思われる。民有民営の私企業に、トップマネジメントが関与しえない「聖域」などあってはならないことは、言うまでもない。東京電力の原子力発電トラブル隠蔽事件は、原子力発電事業を九電力会社から切り離す必要性を示したとみなすこともできる。

原子力発電の安全性を確保するためには、電力会社のコンプライアンスを徹底することが、当然の前提となる。日本の電力会社でトラブル隠蔽などのコンプライアンスに反する行為が続いた背景には、原子力依存度の高まりが経営の硬直性を強めているという事情が存在する。

筆者（橘川）は、核燃料サイクル路線に関して慎重な立場をとるが、原子力発電それ自体に関しては賛成である。今日の日本において原子力発電は、エネルギー・セキュリティの確保（石油依存度の低下）、二酸化炭素排出量の削減、スケールメリットと連続運転による経済性の発揮などの点からみて、電源の一つの選択肢として必要なものだと判断する。ただし、これまでの原子力発電の運転実績をふまえて、「原子力依存度をkWhベースで一定水準以下に抑えるべきではないか」とも考えている。原子力依存度があまりに高まると、裁量の範囲が縮小するという意味で、電力業経営の硬直性が強まるからである。

民有民営の私企業に、トップマネジメントが関与しえない「聖域」などあってはならないことは、言うまでもない。にもかかわらず、「聖域」が存在し、それがトラブルの隠蔽につながったのは、原子力依存度があまりに高く、トラブルを外部に発表することが企業経営に致命的な打撃をもたらすと、「原子力ムラ」の人々が勝手に「判断」したからであろう。その意味で、高すぎる原子力依存度は、経営の裁量の範囲を縮小させる。筆者が「原子力依存度をkWhベースで一定水準以下に抑えるべきではないか」と考えるのは、このような事情をふまえたものである。

## 3　電源三法交付金による立地

福島第一原子力発電所で事故が発生する以前から、日本の原子力発電に関しては、「あってはならない事象」のほかにも、原子力発電を国策民営方式で運営することにかかわる問題点が存在した。ここでは、その問題点の一つである電源三法交付金による立地について取り上げる。

わが国において、原子力発電所の立地を円滑に進めるためには、電源三法の枠組みが欠かせない。電源三法の枠組みとは、電気料金に含まれた電源開発促進税を政府が民間電力会社から徴収し、それを財源にした交付金を原発立地に協力する地方自治体に支給する仕組みのことである。

ここで、電源三法が制定された背景に目を向けよう。一九七〇年代にはいると産業公害が大きな社会問題となり、電源立地難が深刻化した。電源開発調整審議会が設定した電源開発目標と、それに対する開発地点決定の実績値を示した表3－1にあるように、一九七〇年代から一九八〇年代半ばにかけて、実績値が目標値を上回ることは一度もなかった。

表 3－1　電源開発調整審議会の電源決定状況の推移（1971～85 年度）

（単位：万 kW）

| 年度 | 水力 目標 | 水力 決定 | 水力 達成率（%） | 火力 目標 | 火力 決定 | 火力 達成率（%） | 原子力 目標 | 原子力 決定 | 原子力 達成率（%） | 合計 目標 | 合計 決定 | 合計 達成率（%） |
|---|---|---|---|---|---|---|---|---|---|---|---|---|
| 1971 | 295 | 344 | 116.6 | 1,290 | 837 | 64.9 | 381 | 523 | 137.3 | 1,966 | 1,704 | 86.7 |
| 72 | 23 | 25 | 108.7 | 780 | 244 | 31.3 | 390 | 110 | 28.2 | 1,193 | 379 | 31.8 |
| 73 | 380 | 344 | 90.5 | 900 | 368 | 40.9 | 300 | 0 | 0.0 | 1,580 | 712 | 45.1 |
| 74 | 164 | 87 | 53.0 | 931 | 501 | 53.8 | 629 | 333 | 52.9 | 1,724 | 921 | 53.4 |
| 75 | 26 | 3 | 11.5 | 338 | 239 | 70.7 | 147 | 89 | 60.5 | 511 | 331 | 64.8 |
| 76 | 221 | 221 | 100.0 | 350 | 365 | 104.3 | 333 | 110 | 33.0 | 904 | 696 | 77.0 |
| 77 | 289 | 137 | 47.4 | 62 | 62 | 100.0 | 400 | 174 | 43.5 | 751 | 373 | 49.7 |
| 78 | 380 | 237 | 62.4 | 760 | 801 | 105.4 | 610 | 425 | 69.7 | 1,750 | 1,463 | 83.6 |
| 79 | 200 | 8 | 4.0 | 400 | 204 | 51.0 | 300 | 0 | 0.0 | 900 | 212 | 23.6 |
| 80 | 300 | 261 | 87.0 | 1,300 | 1,381 | 106.2 | 500 | 302 | 60.4 | 2,100 | 1,944 | 92.6 |
| 81 | 100 | 29 | 29.0 | 500 | 548 | 109.6 | 500 | 198 | 39.6 | 1,100 | 775 | 70.5 |
| 82 | 100 | 51 | 51.0 | 500 | 585 | 117.0 | 400 | 325 | 81.3 | 1,000 | 961 | 96.1 |
| 83 | 50 | 15 | 30.0 | 350 | 370 | 105.7 | 200 | 0 | 0.0 | 600 | 386 | 64.3 |
| 84 | 50 | 3 | 6.0 | 200 | 180 | 90.0 | 600 | 456 | 76.0 | 850 | 639 | 75.2 |
| 85 | 20 | 12 | 60.0 | 10 | 2 | 20.0 | 100 | 0 | 0.0 | 130 | 14 | 10.8 |

出所）資源エネルギー庁公益事業部編『電源開発の概要（昭和 52 年度版）』（1978 年），同『電源開発の概要（昭和 61 年度版）』（1986 年）。

電源立地決定の遅れは、火力については一九七〇年代前半、水力については一九七〇年代後半～一九八〇年代前半に顕著であり、原子力については、ほぼ全期間にわたって立地決定が困難であった。

電源をめぐる立地・環境問題を深刻化させた要因としては、公害問題の深刻化を反映して環境悪化への懸念が強まったこと、地域住民の意識が変化し土地に対する執着心や権利意識が高まったこと、原子力発電の安全性に対する不安や不信が根強く存在したこと、雇用拡大など地元への直接的な経済波及効果が比較的小さかったこと、先鋭化され組織化された反対運動が展開されるようになったこと、などをあげることができる。とくに、アメリカのペンシルヴァニア州スリーマイル島（Three Mile Island）原子力発電所で一九七九年三月に発生した、いわゆる「ＴＭＩ事故」は、原子力発電への不安感を高める結果を招いた。

電源立地難の深刻化を受けて日本政府は、電源立地促進対策に力を入れることになった。電源立地促進対策の中心的な柱となったのは、一九七四年六月に公布され、同年一〇月に施行された電源三法である。電源三法とは、一般電気事業者に対して目的税である電源開発促進税を課す「電源開発促進税法」、その税収入で電源開発促進対策特別会計を設ける「電源開発促進対策特別会計法」、及び同会計から指定された自治体に対して公共用施設の整備に充当する交付金を支給する「発電用施設周辺地域整備法」の、三つの法律のことである。電源三法制定の目的は、発電所立地によるメリットを地元へ還元して、電源立地を円滑に進めることにあった。

その後、一九八一年一〇月には、電源立地特別交付金制度が新設された。この結果、電源三法を柱とする政府の電源立地促進対策は、いっそう拡充されることになった。

電源三法制度の発足は、電源立地の促進にかなりの成果をあげた。しかし、表３－１でみたように、一九七〇年代後半以降の時期にも、電源立地難という基本的な傾向は継続した。

原子力発電を中心に電源多様化を進めていくためには、電源立地対策の強化が必要不可欠であった。そのため、電源三法によって始まった電力施設が立地する地元に対する交付金制度については、その後も拡充が図られた。

一九八一年には、①原子力発電施設等周辺地域交付金と、②電力移出県交付金という、二つの特別交付金が新設された。この結果、電源立地地域での企業や工場の電気料金の割引や雇用確保事業の展開が可能となり、電源立地県は、税制上のメリットとともに、地域振興資金を確保するというメリットも、享受するようになった。

電源三法交付金制度は、一九八五年、九〇年、九二年などにも拡充されたが、とくに大きな意味をもったのは、二〇〇三年の全面見直しであった。二〇〇三年五月に発電用施設周辺地域整備法と電源開発促進対策特別会計法が一部改正され、同年一〇月に施行された。両法の改正の主要な内容は、以下のとおりであった。

○発電用施設周辺地域整備法の改正

(イ)原子力、水力、地熱等の長期固定電源に対する支援の重点化及び発電用施設の運転段階への支援拡大を明記。

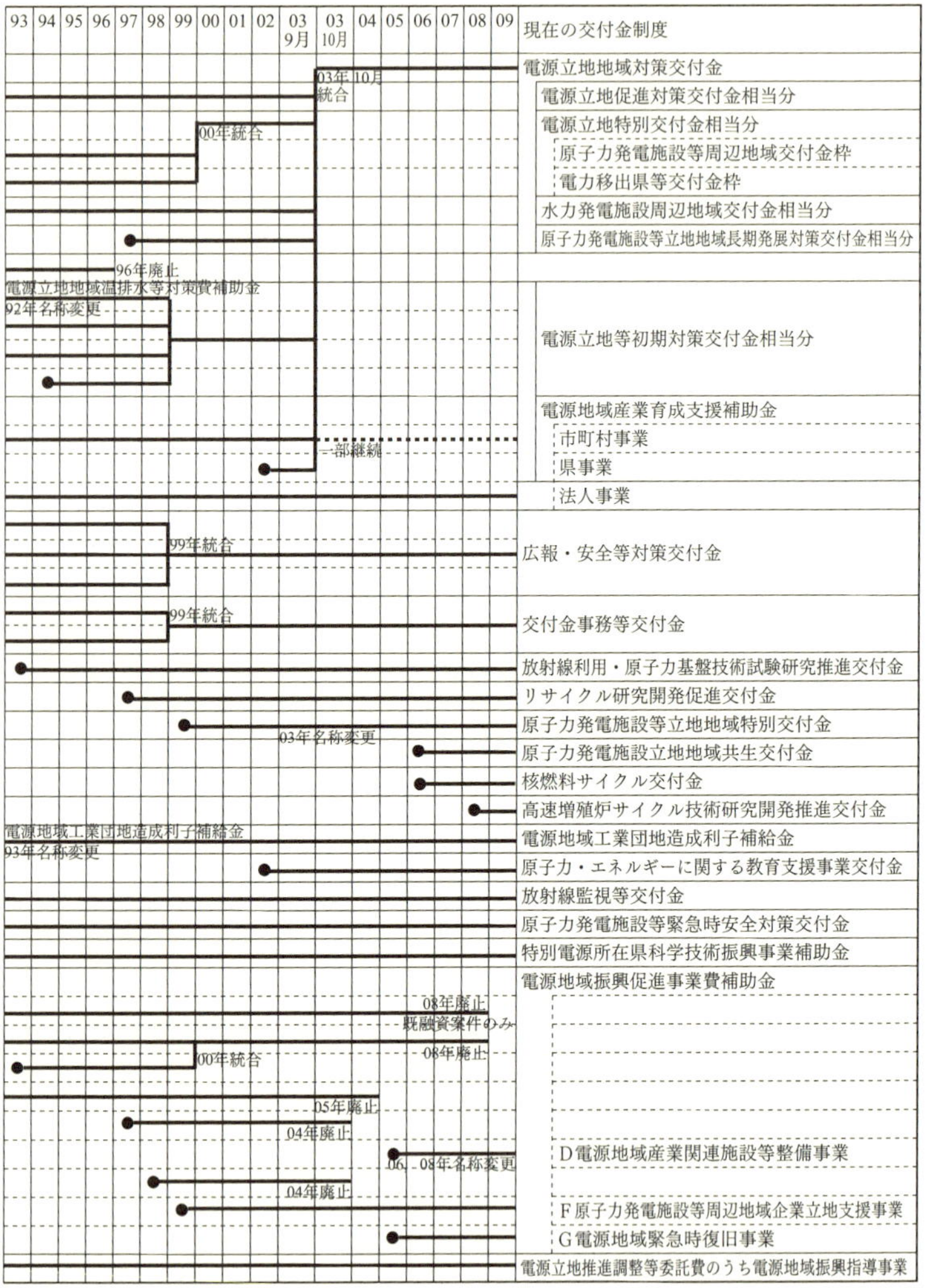
93
94
95
96
97
98
99
00
01
02
03 9月
03 10月
04
05
06
07
08
09
現在の交付金制度
電源立地地域対策交付金
03年 10月 統合
電源立地促進対策交付金相当分
電源立地特別交付金相当分
00年統合
原子力発電施設等周辺地域交付金枠
電力移出県等交付金枠
水力発電施設周辺地域交付金相当分
原子力発電施設等立地地域長期発展対策交付金相当分
96年廃止
電源立地地域温排水等対策費補助金
92年名称変更
電源立地等初期対策交付金相当分
電源地域産業育成支援補助金
市町村事業
一部継続
県事業
法人事業
99年統合
広報・安全等対策交付金
99年統合
交付金事務等交付金
放射線利用・原子力基盤技術試験研究推進交付金
リサイクル研究開発促進交付金
原子力発電施設等立地地域特別交付金
03年名称変更
原子力発電施設立地地域共生交付金
核燃料サイクル交付金
高速増殖炉サイクル技術研究開発推進交付金
電源地域工業団地造成利子補給金
93年名称変更
電源地域工業団地造成利子補給金
原子力・エネルギーに関する教育支援事業交付金
放射線監視等交付金
原子力発電施設等緊急時安全対策交付金
特別電源所在県科学技術振興事業補助金
電源地域振興促進事業費補助金
08年廃止
既融資案件のみ
08年廃止
00年統合
05年廃止
04年廃止
06、08年名称変更
D 電源地域産業関連施設等整備事業
04年廃止
F 原子力発電施設等周辺地域企業立地支援事業
G 電源地域緊急時復旧事業
電源立地推進調整等委託費のうち電源地域振興指導事業

交付金制度の拡充（1974～2009 年度）

| 年　度 | 74 | 75 | 76 | 77 | 78 | 79 | 80 | 81 | 82 | 83 | 84 | 85 | 86 | 87 | 88 | 89 | 90 | 91 | 92 |
|---|---|---|---|---|---|---|---|---|---|---|---|---|---|---|---|---|---|---|---|
| | | | | | | | | | | | | | | | | | | | |
| 電源立地促進対策交付金 | ● | ─ | ─ | ─ | ─ | ─ | ─ | ─ | ─ | ─ | ─ | ─ | ─ | ─ | ─ | ─ | ─ | ─ | ─ |
| 電源立地特別交付金 | | | | | | | | | | | | | | | | | | | |
| 原子力発電施設等周辺地域交付金 | | | | | | | | ● | ─ | ─ | ─ | ─ | ─ | ─ | ─ | ─ | ─ | ─ | ─ |
| 電力移出県等交付金 | | | | | | | | ● | ─ | ─ | ─ | ─ | ─ | ─ | ─ | ─ | ─ | ─ | ─ |
| 水力発電施設周辺地域交付金 | | | | | | | | ● | ─ | ─ | ─ | ─ | ─ | ─ | ─ | ─ | ─ | ─ | ─ |
| 原子力発電施設等立地地域長期発展対策交付金 | | | | | | | | | | | | | | | | | | | |
| 原子力発電施設周辺地域福祉対策交付金 | | | | | | | | | | | | | | | | | | | ● |
| 電源立地地域温排水対策費補助金 | | | | | | | ● | ─ | ─ | ─ | ─ | ─ | ─ | ─ | ─ | ─ | ─ | ─ | ─ |
| 電源立地調査促進補助金 | | | | | | | ● | ─ | ─ | ─ 重要電源等立地推進対策補助金 82年名称変更 | ─ | ─ | ─ | ─ | ─ | ─ | ─ | ─ | ─ |
| 電源立地地域温排水等広域対策交付金 | | | | | | | | | | | | | | | | | | | ● |
| 要対策重要電源立地推進対策交付金 | | | | | | | | | | | | | | | | | | | |
| 電源地域産業育成支援補助金 | | | | | | | | | | | | | | | | | | | |
| 市町村事業 | | | | | | | | | | | | ● | ─ | ─ | ─ | ─ | ─ | ─ | ─ |
| 県事業 | | | | | | | | | | | | | | | | | | | |
| 法人事業 | | | | | | | | | | | | ● | ─ | ─ | ─ | ─ | ─ | ─ | ─ |
| 温排水影響調査交付金 | ● | ─ | ─ | ─ | ─ | ─ | ─ | ─ | ─ | ─ | ─ | ─ | ─ | ─ | ─ | ─ | ─ | ─ | ─ |
| 広報対策交付金 | ● | ─ | ─ | ─ | ─ | ─ | ─ | ─ 広報・安全等対策交付金 80年名称変更 | ─ | ─ | ─ | ─ | ─ | ─ | ─ | ─ | ─ | ─ | ─ |
| 原子力広報研修施設整備費補助金 | | | | | | | | ● | ─ | ─ | ─ | ─ | ─ | ─ | ─ | ─ | ─ | ─ | ─ |
| 整備計画作成等交付金 | | | | | | | | ● | ─ | ─ | ─ | ─ | ─ | ─ | ─ | ─ | ─ | ─ | ─ |
| 交付金事務交付金 | | | | | | | | ● | ─ | ─ | ─ | ─ | ─ | ─ | ─ | ─ | ─ | ─ | ─ |
| 放射線利用・原子力基盤技術試験研究推進交付金 | | | | | | | | | | | | | | | | | | | |
| リサイクル研究開発促進交付金 | | | | | | | | | | | | | | | | | | | |
| 原子力発電施設等立地地域産業振興特別交付金 | | | | | | | | | | | | | | | | | | | |
| 原子力発電施設立地地域共生交付金 | | | | | | | | | | | | | | | | | | | |
| 核燃料サイクル交付金 | | | | | | | | | | | | | | | | | | | |
| 高速増殖炉サイクル技術研究開発推進交付金 | | | | | | | | | | | | | | | | | | | |
| 原子力発電施設等周辺地域工業団地造成利子補給金 | | | | | | | | | | | | | | | | | | | ● |
| 原子力・エネルギーに関する教育支援事業交付金 | | | | | | | | | | | | | | | | | | | |
| 放射線監視等交付金 | | ● | ─ | ─ | ─ | ─ | ─ | ─ | ─ | ─ | ─ | ─ | ─ | ─ | ─ | ─ | ─ | ─ | ─ |
| 原子力発電施設等緊急時安全対策交付金 | | | | | | | ● | ─ | ─ | ─ | ─ | ─ | ─ | ─ | ─ | ─ | ─ | ─ | ─ |
| 特別電源所在県科学技術振興事業補助金 | | | | | | | | | | | | | | | | | | | ● |
| 電源地域振興促進事業費補助金 | | | | | | | | | | | | | | | | | | | |
| A電源地域振興特別融資促進事業 | | | | | | | | | | | | | | | | | ● | ─ | ─ |
| B電源過疎地域等企業立地促進事業 | | | | | | | | | | | | | | | | | ● | ─ | ─ |
| D原子力発電施設等周辺地域生活関連産業育成支援事業 | | | | | | | | | | | | | | | | | | | |
| C①電源地域産業再配置促進事業 | | | | | | | | | | | | | | | | | ● | ─ | ─ |
| C②電源地域産業集積活性化対策事業 | | | | | | | | | | | | | | | | | | | |
| D電源地域新事業支援施設等整備事業 | | | | | | | | | | | | | | | | | | | |
| E原子力発電施設等周辺地域中心市街地活性化促進事業 | | | | | | | | | | | | | | | | | | | |
| F原子力発電施設等周辺地域企業立地支援事業 | | | | | | | | | | | | | | | | | | | |
| G電源地域緊急時復旧事業 | | | | | | | | | | | | | | | | | | | |
| 電源立地推進調整等委託費のうち電源地域振興指導事業 | | | | | | | | | | | | | | | ● | ─ | ─ | ─ | ─ |

図3－2　電力施設立地自治体への

出所）福井県総合政策部電源地域振興課『福井県電源三法交付金制度等の手引き（平成21年度版）』(2009年)。

(ロ)従来の公共用施設の整備に加え、地場産業振興や福祉サービス等のソフトな事業に対する対象事業の拡大や、中小企業信用保険法の特例措置の新設など、支援対象事業を拡大。

(ハ)従来の施設整備に係る「整備計画」を「公共用施設整備計画」に変更。また、対象事業の追加に伴い、「利便性向上等事業計画」を創設。

○電源開発促進対策特別会計法の改正

(イ)エネルギー政策の見直しに伴い、「電源多様化勘定」を「電源利用勘定」に変更。

(ロ)原子力発電施設等の立地の進展に伴う将来の財政需要増に備えるため、「周辺地域整備資金」を設置(47)。

一九七四年に電源三法によってスタートした電力施設立地自治体への交付金制度は、このように徐々に拡充されていった。図3-2は、その全容を示したものである。

ここまでみてきたように、原子力開発に不可欠な電源三法の枠組みとは、端的に言えば、国家が市場に介入して原発立地を確保する手法のことである。この枠組みの存在は、民間電力会社が、自分たちの力だけでは、そもそも原子力発電所を立地できないことを意味する。

## 4　バックエンド問題の未解決

福島第一原発事故の発生以前から存在した原子力発電を国策民営方式で運営することにかかわる問題点は、電源三法交付金による立地だけに限られるわけではない。そのほかにも、使用済み核燃料の処理問題、つまりバックエンド問題が解決していないことも重大である。すでに前章で述べたように、政府は、バックエンド問題に関して、直接処分（ワンスルー）路線を排除して、再処理（リサイクル）路線に一本化する方針を打ち出した。しかし、再処理路線一本化に対しては、原子力発電を支持する論者たちからも強い異論が表明された[48]経緯がある。

政府が再処理路線一本化を打ち出した際には、前掲表2－2に示した原子力委員会新計画策定会議『核燃料サイクル政策についての中間とりまとめ』（二〇〇四年）の試算が重要な根拠とされた。しかし、この試算で鍵を握る「政策変更コスト」は、説得力に欠けると言わざるをえない。使用済み核燃料の貯蔵プール満杯化→原子力発電所の運転停止→代替火力発電所の建設、という「政策変更コスト」算定の前提となるシナリオ自体に現実性がないと思われるからである。

筆者は、二〇〇八年五月に発表した論文[49]で、バックエンド問題に関して、以下のような議論を展開した。なお、下記の議論に登場するプルサーマル（plutonium thermal use）とは、プルトニウムを既存の軽水型発電炉でウランの代わりに燃焼させる方法である。[50] プルサーマル発電は、高速増殖炉が稼動しない状況下では、核燃料サイクルを形成するうえで欠かすことのできない役割をはたす。なお、プルサーマルの仕組みは、図3－3のとおりである。

バックエンド問題に関して再処理路線一本化を押し通し、国民的合意が欠如したまま、六ヶ所再処理工場の運転や原子力発電所でのプルサーマル発電を開始することは、それらが十分な社会的認知を伴わずにスタートすることを意味する。社会的認知が不十分な状況下では、たとえ些細な不具合が生じた場合でも（より厳密な言い方をすれば、「社会的認知が十分な状況下では許容される程度の不具合が生じた場合でも」）、再処理工場の運転やプルサーマル発電は、停止に追い込まれかねない。

いったんスタートした六ヶ所再処理工場の運転や原子力発電所でのプルサーマル発

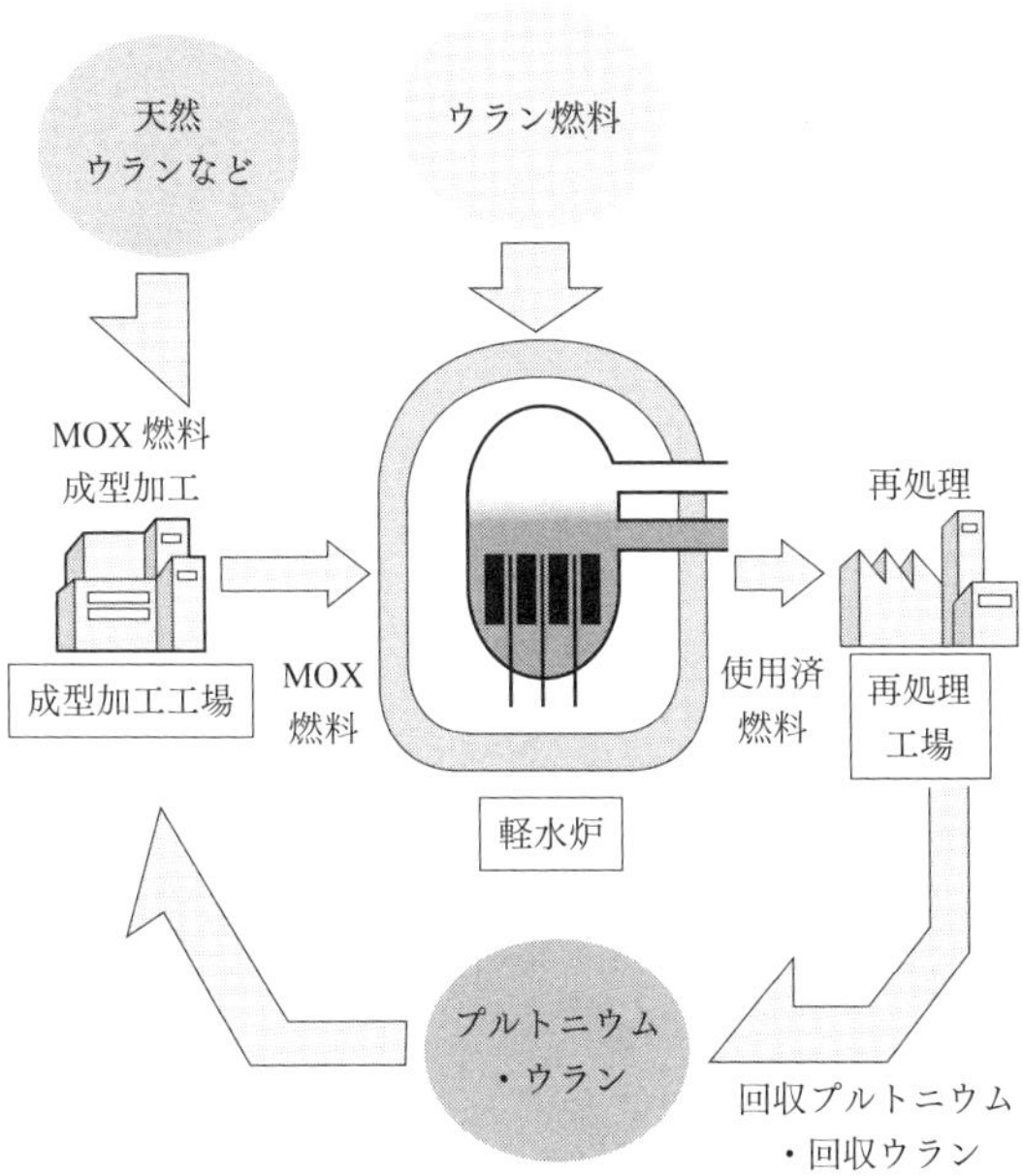


図 **3-3**　プルサーマルの仕組み

出所）経済産業省編『エネルギー白書 2004 年版』(2004 年)。

電が停止に追い込まれると、それによって生じる追加的なコストは膨大な規模に達する。現行の使用済燃料再処理積立・管理法のスキームに従えば、その膨大な追加的コストを負担するのは、結局のところ、国民と電力会社である。国民と電力会社にとって、社会的認知が不十分なまま再処理工場の運転やプルサーマル発電がスタートすることは、リスクの先送りを意味するだけでなく、リスクの増大をも意味すると言わざるをえない。

電力会社が見落としてはならない点は、六ヶ所再処理工場の運転やプルサーマル発電によって核燃料サイクル・スキームが動き出すと、別のタイプのリスクも拡大することである。それは、アンバンドリング論（発送配電分割論）が再燃するリスクである。

原子力発電のバックエンド問題の解決策として存在する二つの路線のうち、核燃料サイクル路線（再処理路線）は、もう一方の使用済み核燃料の直接処分路線に比べて、核不拡散問題と深くかかわるため、政府の関与の度合が大きい。核燃料サイクル・スキームが動き出すと、原子力発電事業に対する政府の関与がいっそう強まり、その原子力発電事業を内部に抱える九電力各社が、私企業性を存分に発揮することは困難になる。九電力各社が私企業性を十分に発揮しないと、電力自由化がめざす市場競争の活発化は、限定的にしか生じない。そうなれば、電力自由化の徹底を求める声が高まり、いったん見送られたアンバンドリング案が復活する可能性がある。これが、ここで言う「アンバンドリング論再燃のリスク」である。

六ヶ所再処理工場ですでにアクティブ試験が始まっている現実をふまえれば、現時点でバックエンド問題を解決する最善の策は、使用済み核燃料の再処理（リサイクル）路線と直接処分（ワンススルー）路線との併用ということになろう。この面では、両路線の共存を図ることが、わが国の原子力政策のめざすべき方向だと言うことができる。

ここで引用した議論で、筆者がアンバンドリングに対して否定的な見解を示しているのは、発送配電分離が、受給を瞬時に調整し停電を回避する系統運用を混乱させる点でも、発送配電のバランスのとれた投資を阻害する点でも、問題が多いと考えるからである。アンバンドリングは、現在の条件のもとでは、電気需要家にとって、メリットよりデメリットの方が大きいであろう[51]。

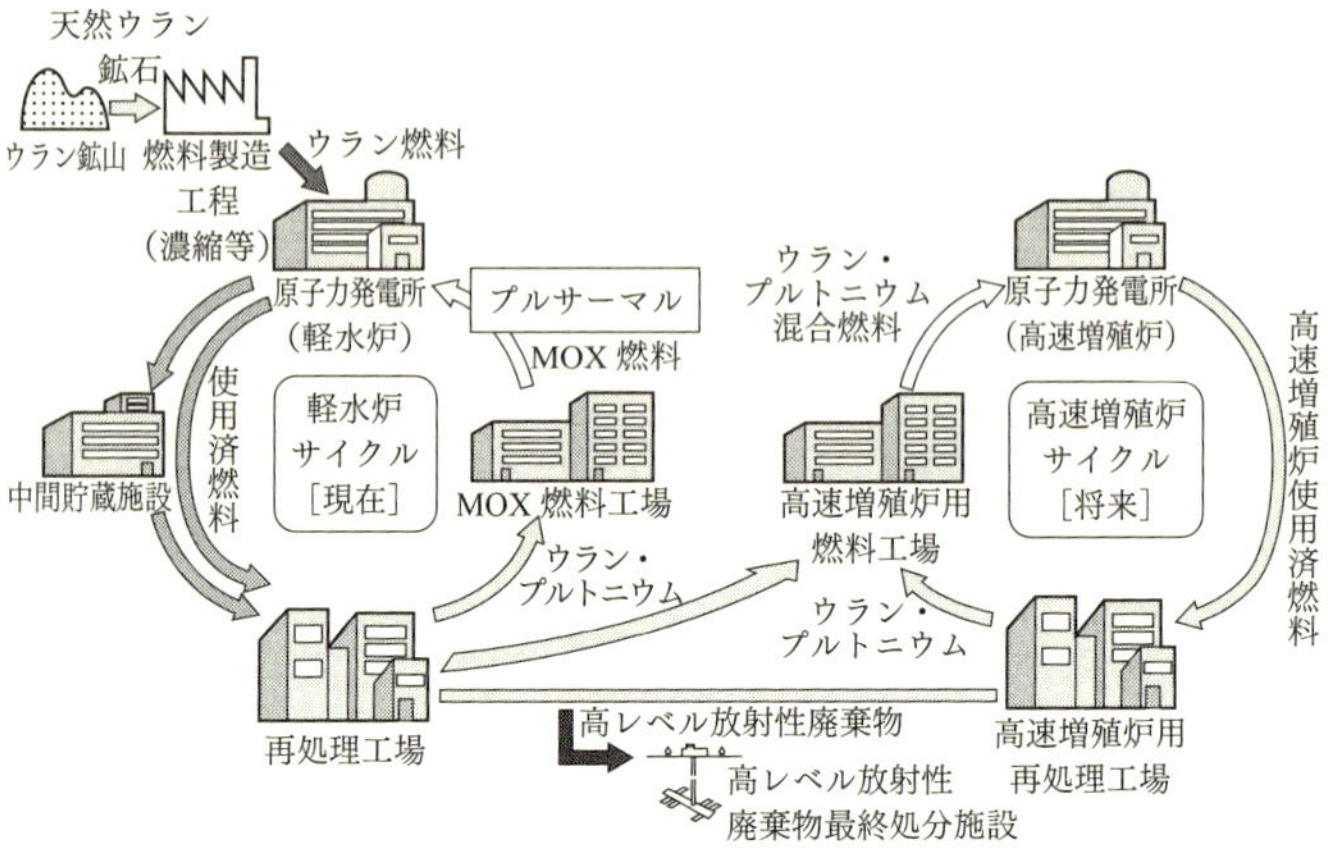


**図 3－4　高速増殖炉サイクルの概要**

出所）資源エネルギー庁「原子力開発の課題と対応方針――原子力立国計画」（2006 年 10 月）。

上記の論文の発表後、九州電力が玄海原子力発電所三号機で二〇〇九年一二月に、四国電力が伊方原子力発電所三号機で二〇一〇年三月に、東京電力が福島原子力発電所三号機で二〇一〇年一〇月に、関西電力が高浜原子力発電所三号機で二〇一一年一月に、それぞれプルサーマル運転を開始した。高速増殖炉についても、日本原子力研究開発機構[52]が、二〇一〇年五月に、高速増殖炉原型炉「もんじゅ」の運転を一四年半ぶりに再開した。なお、図3－4は、高速増殖炉サイクルの概要を示したものである。

　しかし、核燃料サイクルの中枢施設である六ヶ所村の再処理工場は、現在にいたっても完成をみていない。再処理工場が未完であること、核燃料サイクルにおいても必要となる最終処理場の立地のめどがまったく立っていないことなどからみて、使用済み核燃料を処理するバックエンド問題は、わが国では解決にいたっていないと言わざるをえない。

## 5　国策民営方式の矛盾

福島第一原発事故が起こる以前から、日本の原子力発電事業は、民間会社によって営まれながらも、「国策」による支援（国家の介入）を必要不可欠とするという矛盾を抱えていた。それは、「国策民営方式の矛盾」と呼びうるものであった。

原子力発電に国家介入が必要となる事情としては、まず、立地確保の問題をあげることができる。原子力発電所の立地を円滑に進めるためには、電源三法の枠組みがなくてはならない重要性をもつ。電源三法の枠組みとは、端的に言えば、国家が市場に介入して原発立地を確保する手法であり、民間会社は、自分たちの力だけでは、そもそも原子力発電所を立地できないことを意味する。

原子力発電への国家介入を不可避にするもう一つの事情としては、使用済み核燃料の処理問題（いわゆる「バックエンド問題」）がある。核燃料のバックエンド問題に関しては、リサイクル（再処理）するにせよワンススルー（直接処分）するにせよ、国家の介入は避けて通ることができない。とくに、現在の日本政府のようにリサイクル路線を採用する場合には、核不拡散政策との整合性を図ることが必要になるが、それが、市場メカニズムとは別次元の政治的・軍事的事柄であることは、言うまでもない。

これらの立地問題やバックエンド問題に加えて、今回の福島第一原発事故は、最も重要な非常事態発生時の危機管理についても、民間電力会社だけでは対応できないことを明らかにした。自衛隊、消防、警察、そして米軍までもが福島第一原発一～四号機の冷却のために出動せざるをえなかったことは、原子力発電事業を民営形態に任せることの「無理」を示している。

「国策民営方式」の大きな問題点は、原子力発電をめぐって国と民間電力会社のあいだに「もたれ合い」が生じ、両者間で責任の所在が不明確になっていることである。[53] 九電力各社は、むしろ、「国策」による支援が必要不可欠な原子力発電事業を経営から切り離した方が、良い意味で私企業性を取り戻し、民間活力を発揮することができるのではないか。九電力会社中最大の東京電力でさえ、いったん重大な原発事故を起こせば経営破たんの瀬戸際に立たされる現実をみれば、民間電力会社の株主（場合によっては経営者）の中から、リスクマネジメントの観点に立って、原子力発電事業を分離しようという声があがっても、けっして不思議ではない。

# 第4章

# 原子力発電の危険性

## 1　福島第一原発事故の原因

今回の東京電力福島第一原子力発電所の事故は、原子力発電所が有する危険性を白日の下にさらけ出した。それでは、原発のどこが危険なのだろうか。この問いへの答えを導くうえで、大きな手がかりを与えるのは、同様に東北地方太平洋沖大地震にともなう大津波に直面しながら、東北電力・女川原子力発電所が、基本的には安全に停止し、福島第一原発の場合とは正反対に、地元住民の避難所にまでなったという事実である。

現時点（二〇一一年六月中旬）で詳しいことはわからないが、福島第一原発と女川原発の命運を分けたものは、基本的には津波対策の違いであったと思われる。女川原発が立地するリアス式海岸の三陸地域には、いく度も津波の被害を受けてきた歴史があり、リアス式海岸ではない福島県の浜通りに比べて、津波への強い危機意識をもち続けてきた。それが、津波の高さを九・一mと想定し平均潮位より一四・八m高い位置に建設した女川原発と、津波の高さを五・七mと想定し平均潮位より一〇・〇m高い位置に建設した福島第一原発の違いとなって表れ、一四m前後の同じような高さの津波に遭遇しながらも、両者の命運を分けたと推測されるのである。

福島第一原発事故の原因として、現時点でもう一つ確実なことは、過酷事故発生時の対応に不備があったことである。過酷事故とは、原子力発電所の安全設計上の想定を大幅に超えるシビアアクシデントのことで、原子炉の燃料が重大な損傷を受けるような大事故のことをさしている。これまで、原子力発電の「安全神話」を強調してきた電力会社と原子力安全行政当局（原子力安全委員会や経済産業省の原子力安全・保安院）は、過酷事故そのものが「起こりえない」と主張していたため、それへの対応を十分に整えていなかったのである。

福島第一原発事故の事故調査・検証委員会は、二〇一一年六月七日に発足したばかりである。ここでは、現時点で明らかになっている福島第一原発事故の原因として、

①津波対策の不十分さ、

②過酷事故発生時の対応の不備、

という二点を指摘したが、今後、事故調査・検証委員会の調査が進展するにつれて、これらとは別の事故原因が浮上する可能性もある。例えば、津波以前の地震の「揺れ」による影響、原子炉の高経年化による影響[54]などが、事故調査・検証委員会での重要な論題になるであろう。

## 2　原発の新たな安全基準をめぐる福井県と国との見解の齟齬

東京電力・福島第一原子力発電所の事故が明らかにした原子力発電の危険性をどうとらえるかに関しては、関係者のあいだに認識のズレがある。そのことを端的に示したのは、日本で原発が最も集中する福井県と、国の原子力安全行政を担当する原子力安全・保安院とのあいだの、福島第一原発事故後の新たな原発安全基準をめぐる認識の齟齬である。この認識のズレは、二〇一一年六月中旬時点で、日本経済に深刻な影響を及ぼす「定期検査中の原子力発電所のドミノ倒し的運転中止」という事態を引き起こしている。この問題を解決するために筆者（橘川）は、二〇一一年六月五日、以下のような内容の緊急提言「原発の新たな安全基準を国は早急かつ具体的に明示せよ」を発表した。(55)

---

定期検査中の原子力発電所のドミノ倒し的停止を回避し、
今夏の電力供給不安を取り除くために
——福井県の四月一九日付「要請書」と原子力安全・保安院の五月六日付発表の比較検討

二〇一一・〇六・〇五

橘川武郎

【日本経済が直面する危機】

東日本大震災およびそれと同時に発生した福島第一原子力発電所の事故は、今、日本経済を深刻な危機に陥れている。それは、東北地方太平洋沖地震の発生⇓東京電力・福島第一原子力発電所の事故⇓中部電力・浜岡原子力発電所の運転停止⇓定期検査中の原発のドミノ倒し的運転中止⇓電力供給不安の高まり⇓高付加価値工場の海外移転⇓産業空洞化による日本経済沈没、という連鎖が発生し、日本経済が沈んでゆく危機である。

三月一一日の東北地方太平洋沖地震により、一一基の原子力発電所が運転を停止した。それとは別に、五月末時点で、定期検査中でストップしている原発が一八基ある。このほか福島第一原発四～六号機、浜岡原発三号機など六基も地震発生時に停止中だったのであり、その後、菅直人首相の強い要請によって、浜岡原発四、五号機もストップした。五月末時点で営業運転されている原発は、基数でも出力でも日本全体の三分の一以下の一七基、一、五四九万三、〇〇〇kWだけである（日本全体の原発は五四基、四、八九六万kW）。

現在、原発が立地する各県の知事は、定期検査終了後も、明確な新しい安全基準が示されない限り原発運転の再開を認めるわけにはゆかないという姿勢をとっている。地元住民の安全を考えれば、当然の措置である。また、わが国では、一三カ月ごとに原発が定期検査にはいるため、このままでは、来年五月にすべての原発がストップすることになる。

日本の電源構成の約三割を占める原子力発電が全面停止することになれば、当然のことながら、電力の供給不安が広がる。ここで見落としてはならない点は、今夏ないし来夏にたとえ停電が回避されたとしても、電力供給不安が存在するだけで、電力を大量に消費する工程、半導体を製造するクリーンルーム、常時温度調整を必要とするバイオ工程、瞬間停電も許されないコンピュータ制御工程等々を有する工場の日本での操業が、リスクマネジメント上、困難になることだ。これらの工場は、高付加価値製品を製造している場合が多く、日本経済の文字通りの「心臓部」に当たる。それらが海外移転することによって生じる産業空洞化は、「日本沈没」に直結するほどの破壊力をもつ。

問題を複雑にしているのは、先に示した「日本経済沈没」への連鎖をつなぐ矢印のうちのいくつかが、合理的判断や「善意」にもとづくものである点だ。福島第一原発事故をふまえて浜岡原発を一時的に停止するという菅首相の判断は、手続きには問題を残したものの、一応、国民の支持を獲得した。その浜岡原発停止をふまえて、地元原発の定期検査明け運転再開に慎重姿勢をとる各県知事の考えも、理解できる。また、電力供給不安に直面して生産拠点を海外へ移す動きも、企業経営者としては、当然のことであろう。このように一つ一つの矢印は善意にもとづいていても、それがつながってしまうと、「日本沈没」の最悪シナリオが現実化しかねない。まさに、「地獄への道は善意で敷き詰められている」

のである。

「日本沈没」へつながる連鎖を断ち切るうえで鍵を握るのは、「中部電力・浜岡原子力発電所の運転停止⇒定期検査中の原発のドミノ倒し的運転中止」の矢印を外すことである。そのためには、国がただちに、原発の地元住民と立地県知事が納得できるような、厳格でわかりやすい安全基準を明示する必要がある。

それでは、「原発の地元住民と立地県知事が納得できるような、厳格でわかりやすい安全基準」とは、どのようなものか。本稿では、この点を具体的に明らかにするために、福井県が二〇一一年四月一九日付で海江田万里経済産業大臣に提出した「要請書」と、原子力安全・保安院が二〇一一年五月六日に発表した「福島第一原子力発電所事故を踏まえた他の発電所の緊急安全対策の実施状況の確認結果について」とを、比較検討する[56]。

福井県には、定期検査中の原子力発電所が多数立地している。また、福井県は、福島第一原発事故後、国に対して新たな安全基準の明確化をいち早く求めた原発立地県であった。本稿で、とくに福井県の「要請書」を取り上げるのは、これらの事情による。原子力安全・保安院の五月六日付の発表は、この福井県の「要請書」への回答という意味合いももっている。

【福井県の「要請書」の構成】

四月一九日付の福井県の「要請書」は、次のような構成をとっている。

前　文
Ⅰ　安全基準の設定と県民への説明について
Ⅱ　安全基準項目について
　1　緊急に実施すべき事項について
　2　応急・短期的に実施すべき事項について
　3　今回の事故（沸騰水型）の知見の反映について
Ⅲ　引き続き対応を求める事項について

このうち、「Ⅰ　安全基準の設定と県民への説明について」では、原子力発電所の安全規制については、今回の事故を受け、安全設計審査指針、耐震設計審査指針などの抜本的見直しが必要不可欠であるが、見直しには、なお相応の時間を要すると考えられる。

そこで、定検中プラントの原子炉の起動、また、稼働中のプラントの運転継続については、現在までに明らかになっている原因と対策をもとに、暫定的に新たな安全基準を設定して、電力事業者の対応を厳格に確認し、その結果を県民に分かりやすく説明すること

を求めている。つまり、明らかにされるべき新たな安全基準を、「相応の時間を要する」ものと、「暫定的」なものとに、大別しているわけである。そのうえで、後者の暫定的な安全基準の内容を、上記の構成からわかるように、「1 緊急に実施すべき事項」、「2 応急・短期的に実施すべき事項」、「3 今回の事故（沸騰水型）の知見の反映」の三つに細分化している。本稿の以下の部分では、当面、定検中原発のドミノ倒し的運転停止を回避するには暫定的な安全基準を明確にすることが重要であるとの認識に立って、これらの1～3のそれぞれについて、福井県の二〇一一年四月一九日付「要請書」と、原子力安全・保安院の二〇一一年五月六日付発表とのあいだに存在する齟齬に、光を当てる。

【「緊急に実施すべき事項」に関する齟齬】

「緊急に実施すべき事項」に関しては、福井県の二〇一一年四月一九日付「要請書」と、原子力安全・保安院の二〇一一年五月六日付発表とのあいだに、

(1)福井県の「要請書」が求めた定期検査における「安全上重要な機器の特別点検」について、原子力安全・保安院の発表が言及していないこと、

(2)福井県の「要請書」が求めた定期検査における「使用済燃料貯蔵プールの監視設備の改善」について、原子力安全・保安院の発表が言及していないこと、

という二つの点で、齟齬が存在する。

福井県は、(1)の「安全上重要な機器」の事例として、緊急炉心冷却装置と使用済燃料貯蔵プールをあげ、前者に関しては「格納容器スプレイリングの健全性確認など」、後者に関しては「冷却ポンプの分解点検など」の特別点検を、「現在または直近の定期検査において実施し」、健全性を確認することを求めている。また、福井県は、(2)の「使用済燃料貯蔵プールの監視設備の改善」に関して、「水位計、温度計の電源が非常用発電機から確保できるよう設備改善を実施すること」、および「水位の監視手段を多様化するため、

中央制御室で監視できる監視カメラを設置すること」を要請している。これらの要請に対して、原子力安全・保安院の二〇一一年五月六日付発表は言及していないのである。

**【「応急・短期的に実施すべき事項」に関する齟齬】**

「応急・短期的に実施すべき事項」とは、実現に一〜三年程度の時間がかかる事柄のことである。「緊急に実施すべき事項」に比べて、「応急・短期的に実施すべき事項」の方が、福井県の二〇一一年四月一九日付「要請書」と原子力安全・保安院の二〇一一年五月六日付発表とのあいだの齟齬が大きい。

まず、

(3)福井県の「要請書」が求めた「送電鉄塔の建て替えなど送電線の信頼性向上対策」について、原子力安全・保安院の発表が言及していないこと、

(4)福井県の「要請書」が求めた「発電所の開閉所、変電所などの設備の地震・津波対策」について、原子力安全・保安院の発表が言及していないこと、

(5)福井県の「要請書」が求めた「耐震評価に基づき、使用済燃料貯蔵プール、燃料取

扱建屋などについて、必要な耐震補強を行うこと」について、原子力安全・保安院の発表が言及していないこと、

という3点が、問題になる。また、

(6) 福井県の「要請書」が求めた「個別プラントごとの想定すべき津波の高さを見直し、これに対する防護体制（水密扉の設置、海水ポンプの防水壁の設置、防潮堤の設置など）を整備すること」について、原子力安全・保安院の発表は「津波対策として、より高い津波を考慮して、建屋への浸水対策の強化、海岸部の防潮堤等の設置・強化、建屋・屋外機器等周辺への防潮壁等の設置等を行うことが計画されていること」と言及しているが、その内容が曖昧であること、

も重大な齟齬である。この(6)に関しては、原子力安全・保安院の「計画されていること」という表現が曖昧である点だけでなく、福井県が求めた「個別プラントごとの想定すべき津波の高さの見直し」について、原子力安全・保安院がそれに言及せず、全国一律の対応を打ち出した点も問題である。原子力安全・保安院は、福島第一原発で想定値（土木学会

による津波の高さの評価値）の五・五ｍを九・五ｍ上回る一五ｍの高さの津波が来襲したことをふまえ、全国の原子力発電プラントに想定値を九・五ｍ引き上げるよう指示した。
しかし、このような全国一律の対応は、「個別プラントごとの想定すべき津波の高さの見直し」を求める原発立地各県の声とは異なるものであり、むしろ、国の原子力安全行政に対する不信感を高めることにつながった。

【「今回の事故の知見の反映」に関する齟齬】

「今回の事故（沸騰水型）の知見の反映」に関する、福井県の二〇一一年四月一九日付「要請書」と原子力安全・保安院の発表とのあいだの齟齬も、小さなものではない。この点では、

(7)福井県の「要請書」が求めた「今回の事故原因の究明によって得られる新たな知見については、速やかに他の発電所の安全確保対策に反映すること」について、原子力安全・保安院は、五月六日の発表で「福島第一原子力発電所事故に関する知見の反映については、今後検証する」としたのち、五月二四日に福島第一原発のプラント状況

に関する評価を発表したが、その内容が福井県の要請に十分に応えるものではないこと、が問題である。

福井県は、「今回の事故の知見の反映」に関して、

・「今回の事故では、緊急時に炉心を冷却する非常用復水器への水補給ができなかったと推察されるが、その原因を明らかにし、今後の安全対策に反映すること」、

・「何が原因となって各号機の被害の状況に違いが生じたのかを明らかにし、高経年化による機器の劣化が影響していたかどうかなど、それらの知見を高経年化プラントの安全対策に反映すること」、

の二点を、とくに重視している。しかし、原子力安全・保安院の五月二四日の発表（福島第一原発のプラント状況に関する評価）は、この二点に正面から応えるものとはなっていない。また、原子力安全・保安院の五月二四日の発表は、五月一六日と二三日に行われた東京電力の報告をふまえたものであり、二三日の東京電力の報告と二四日の原子力安全・保

安院の発表とのあいだにわずか一日しか期間がなかったことも、国の原子力安全行政に対する福井県の不信感を高めることになったと推察される。

【まとめ】

ここまでみてきたように、福井県の二〇一一年四月一九日付「要請書」と、原子力安全・保安院の二〇一一年五月六日付発表とのあいだには、(1)〜(7)の齟齬が存在する。すでに指摘したように、定検中原発のドミノ倒し的運転停止を回避し、日本経済が直面する電力供給不安による産業空洞化という危機を避けるためには、原子力発電に関する厳格でわかりやすい安全基準を明示することが喫緊の課題である。その安全基準の具体的な内容は、本稿で明らかにした(1)〜(7)の齟齬を解消する作業を通じて、導くことができるだろう。関係者各位がこれらの齟齬の解消を一刻も早く実現し、現在、日本経済を覆っている暗雲が可及的速やかに取り除かれることを切に願うものである。

【個人的見解】

以下は、あくまで個人的見解である。

(1)〜(7)の齟齬を解消するためには、まず、(7)の齟齬を取り除くことから始め、原子力安全・保安院が、福島第一原発事故を通じて得られた知見を、いま一度まとめて発表する必要がある。そこでは、非常用復水器への水補給がなぜ行われなかったか、高経年化による機器の劣化が影響していたか否かなどについて、現時点での原子力安全・保安院の見解が示されるべきである。この原子力安全・保安院の見解発表がきちんとした形で行われるならば、(1)〜(6)の齟齬を一つ一つ解消するという、次の作業に進むことができる。

これらの作業を進める過程では、福島第一原発事故の教訓をふまえた新しい原発安全基準のあり方、基本原則が問題になるだろう。その基本原則の中身は①立地地域ごとに有史以来最大の地震・津波を想定し、それに耐えうるものとする（最大限基準）、②地震学・津波学等の世界でより厳しい新たな知見が得られた場合には、それを想定へ反映させる（更新基準）、という二点の組合せを骨格とすべきであろう。また、事故発生後最初に水素爆発を起こした福島第一原発一号機が運転開始後四〇年を経た高経年炉であった事実をふまえるならば、同じく運転開始後四〇年以上を経過した他の二基の原発（日本原子力発電の敦賀原発一号機と関西電力の美浜原発一号機）をはじめ、高経年炉については、少なくとも事故調査委員会の精査が終わるまでのあいだは、運転を凍結することを検討した方が良いかもしれない。

## 3　危険性の最小化

東京電力・福島第一原子力発電所の事故は、原子力発電には危険がつきものであることを改めて明らかにした。もし我々が、依存度の大小、期間の長短はともかくとして原発を使い続けるという選択をするのであれば、その危険性を最小化する努力を払わなければならないことは自明である。

原発の危険性を最小化するうえで重要な示唆を与えるのは、前節で目を向けた福井県が海江田経済産業大臣に提出した二〇一一年四月一九日付の「要請書」である。この「要請書」に盛り込まれながら、原子力安全・保安院が二〇一一年五月六日に発表した「福島第一原子力発電所事故を踏まえた他の発電所の緊急安全対策の実施状況の確認結果につい

て」で言及されなかったか、あるいは不十分にしか取り上げられなかったかした項目は、
(1)定期検査における「安全上重要な機器の特別点検」の実施、
(2)定期検査における「使用済燃料貯蔵プールの監視設備の改善」の実施、
(3)一～三年のあいだにおける「送電鉄塔の建て替えなど送電線の信頼性向上対策」の実施、
(4)一～三年のあいだにおける「発電所の開閉所、変電所などの設備の地震・津波対策」の実施、
(5)一～三年のあいだに「耐震評価に基づき、使用済燃料貯蔵プール、燃料取扱建屋などについて、必要な耐震補強を行うこと」、
(6)一～三年のあいだに「個別プラントごとの想定すべき津波の高さを見直し、これに対する防護体制（水密扉の設置、海水ポンプの防水壁の設置、防潮堤の設置など）を整備すること」、
(7)「今回の事故原因の究明によって得られる新たな知見については、速やかに他の発電所の安全確保対策に反映すること」、
の七点である。また、前節で紹介した緊急提言では論及しなかったが、二〇一一年四月一

九日付の福井県の「要請書」は、「引き続き対応を求める事項」として、

(a)原子力災害の早期収束と情報公開の徹底、

(b)原子力災害発生の原因究明と安全確保対策、

(c)原子力防災対策の充実（原子力災害の被害想定と避難対策・範囲の見直し）、

(d)耐震安全性の向上（日本列島の地震評価の見直し、歴史的・地質学的観点からの日本海側の地震・津波の知見の検討）、

(e)原子力防災道路の早期整備（アクセス確保の特別支援）、

(f)高経年化対策の審査基準の見直し、

の諸項目をあげていた。原子力発電所の危険性を最小化するためには、(1)〜(7)、(a)〜(f)の各事項を実行すること、および過酷事故発生時の対応のため十分な準備を整えることが、重要である。

なお、上記の(7)の事項を実践する際には、高経年化による原子力プラントの劣化が問題になる可能性がある。したがって、緊急提言のなかで指摘したように、「事故発生後最初に水素爆発を起こした福島第一原発一号機が運転開始後四〇年を経た高経年炉であった事実をふまえるならば、同じく運転開始後四〇年以上を経過した他の二基の原発（日本原子

力発電の敦賀原発一号機と関西電力の美浜原発一号機）をはじめ、高経年炉については、少なくとも事故調査委員会の精査が終わるまでのあいだは、運転を凍結することを検討した方が良いかもしれない」。

さらに、「これらの作業を進める過程では、福島第一原発事故の教訓をふまえた新しい原発安全基準のあり方、基本原則が問題になるだろう。その基本原則の中身は、①立地地域ごとに有史以来最大の地震・津波を想定し、それに耐えうるものとする（最大限基準）、②地震学・津波学等の世界でより厳しい新たな知見が得られた場合には、それを想定へ反映させる（更新基準）、という二点の組合せを骨格とすべきであろう」。この点も、緊急提言のなかで述べたとおりである。

# 第5章
# 原子力発電の必要性

## 1 エネルギー安定供給（Energy Security）

前章で述べたように、原子力発電に危険はつきものである。その意味で、原子力発電は「悪」である。一方、原子力発電は、少なくともしばらくのあいだは必要なものである。将来的には再生可能エネルギーの技術革新によって原子力発電が不要になる日が来るかもしれないが、それまでには、まだ時間がかかる。即戦力である火力発電には、燃料供給の不安や二酸化炭素（$CO_2$）の排出という問題がつきまとう。したがって、しばらくのあいだは、原子力発電を使い続けざるをえない。端的に言えば、原子力発電は「必要悪」なのである。

図5－1として掲げたのは、二〇一一年五月の時点で資源エネルギー庁がまとめた「各

電源の特徴及び比較」である。二〇〇二年六月に公布、施行されたエネルギー政策基本法は、三つのE、つまり、Energy Security（エネルギー安定供給）、Environment（環境保全）、Economy（経済性追求）の同時達成を打ち出したが、図5－1が示すように、東京電力・福島第一原子力発電所の事故が起き長期的な経済性の点で疑問が生じるまで、原子力発電は、三つのEのいずれにも優れた電源として認識されていた。

まず、エネルギー安定供給についてであるが、原子力発電は、①燃料のエネルギー密度が高く備蓄が容易である、②燃料を一度装填すると一年程度は交換する必要がない、③燃料となるウラン資源は比較的政情の安定した国々に分散して所在する、④使用済み燃料を再処理することで資源燃料として再利用できる、などの点から、国際情勢の変化等による影響を受けることが少なく、Energy Security面で優れている。原子力の場合は、原料のウランを輸入するものの、①、②などの点から、「準国産エネルギー」ととらえることも可能である。このような観点に立って、二〇一〇年策定の「エネルギー基本計画」は、二〇〇七年の日本のエネルギー自給率を、原子力分の一四%を含めて一八%と算定している[57]。

現状において、原子力発電がわが国のエネルギー安定供給にとって大きな意味をもつこ

| 発電シェア 26% | 水力 発電シェア 8% | 風力 発電シェア 0.3% | 太陽光 発電シェア 0.2% |
|---|---|---|---|
| ギー密度：高<br>に優れる<br>の管理 | ○エネルギー密度：中<br>△季節の天候影響<br>◎大気を汚染しない | △エネルギー密度：低<br>×日々の天候影響<br>◎大気を汚染しない | △エネルギー密度：低<br>×日々の天候影響<br>◎大気を汚染しない |
| 安定<br><br>量を輸入<br>入国が安定<br>・豪等])<br>が豊富<br>埋蔵 100 年)<br>事故を踏ま<br>全性の問題 | ○出力が安定<br>○需要変動に反応可<br>◎国産エネルギー<br><br><br><br>△供給力に制約（主要地点は開発済）<br>○安全（不燃） | ×出力が不安定<br><br>◎国産エネルギー<br><br><br><br>×供給力に制約（適地に制約あり）<br>○安全（不燃） | ×出力が不安定<br><br>◎国産エネルギー<br><br><br><br>△供給力に制約（適地に制約あり）<br>○安全（不燃） |
| に優れる<br>事故の影響<br>程で $CO_2$<br>しない | △経済性に課題<br><br>○発電過程で $CO_2$ を排出しない | △経済性に課題（※蓄電池等必要）<br>○発電過程で $CO_2$ を排出しない | ×経済性に課題（※蓄電池等必要）<br>○発電過程で $CO_2$ を排出しない |

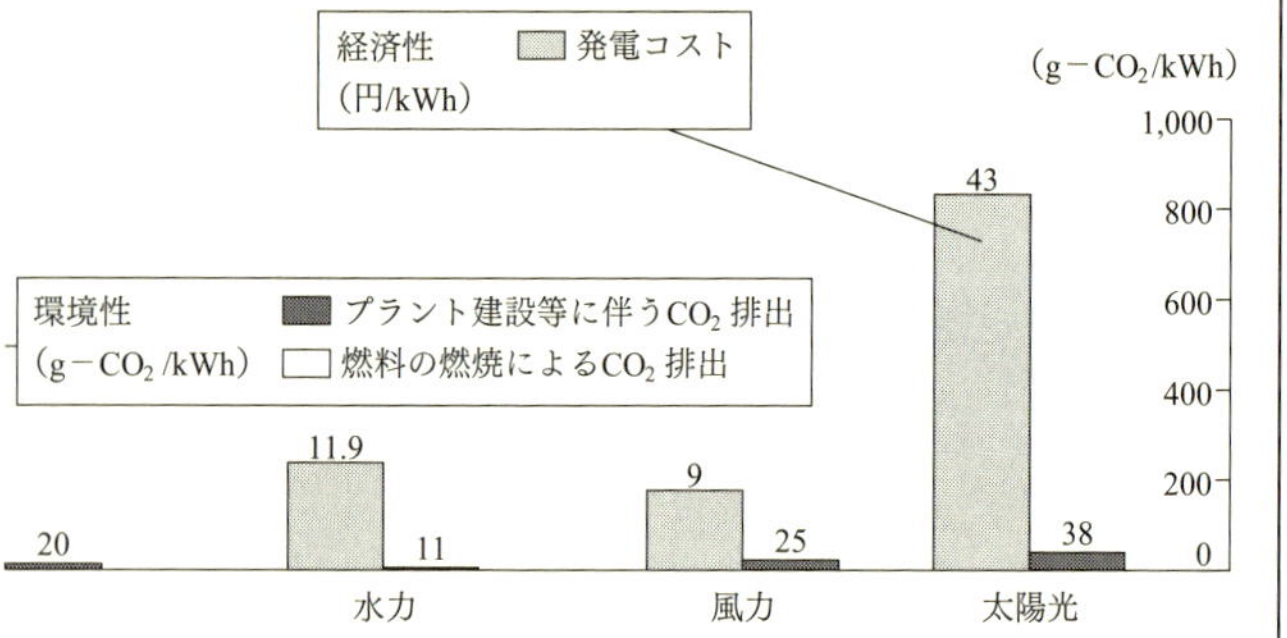


引率 3%。原油 69 ドル／バレル，天然ガス価格 42,693 円／トン，石炭 97.3 ドル／ト

つつ，「総合資源エネルギー調査会電気事業分科会第 9 回コスト等小委員会」(電事連
小委員会の試算より。太陽光，風力については「総合資源エネルギー調査会新エネル

排出量評価——2009 年に得られたデータを用いた再推計（Y09027）」(2010 年 7 月)。

の特徴と比較

| | 石油　発電シェア 13% | 天然ガス　発電シェア 27% | 石炭　発電シェア 25% | 原子力 |
|---|---|---|---|---|
| 物性 | ○エネルギー密度：高<br>○貯留性に優れる<br>△燃焼時の大気汚染 | ○エネルギー密度：高<br>△貯留に高コスト<br>○大気を汚染しない | ○エネルギー密度：高<br>○貯留性に優れる<br>△大気汚染，灰 | ○エネル<br>○貯留性<br>△放射線 |
| 安定性・安全性 | ○出力が安定<br>○需要変動に反応可<br>△ほぼ全量を中東から輸入(88%)するが過去に供給途絶なし<br>○供給力が豊富（可採埋蔵 42 年）<br>○安全(燃焼を管理) | ○出力が安定<br>○需要変動に反応可<br>△ほぼ全量を輸入（※輸入の中東依存が低い〔25%〕）<br>○供給力が豊富（可採埋蔵 60 年）<br>○安全(燃焼を管理) | ○出力が安定<br>△ほぼ全量を輸入（※輸入国が安定的〔豪州等〕）<br>○供給力が豊富（可採埋蔵 122 年）<br>○安全(燃焼を管理) | ○出力が<br>△ほぼ全（※ 輸的〔加<br>○供給力（可 採<br>？今般のえた安 |
| 経済性・環境性 | △経済性に課題（※長期的に上昇）<br>×環境性に課題 | △経済性に課題（※長期的に上昇）<br>△化石燃料の中では排出が最も少ない | ○経済性に優れる<br>×環境性に課題 | ○経済性<br>？今般の<br>○発電過を排出 |

【発電コスト，$CO_2$ 排出量の比較】
（円/kWh）

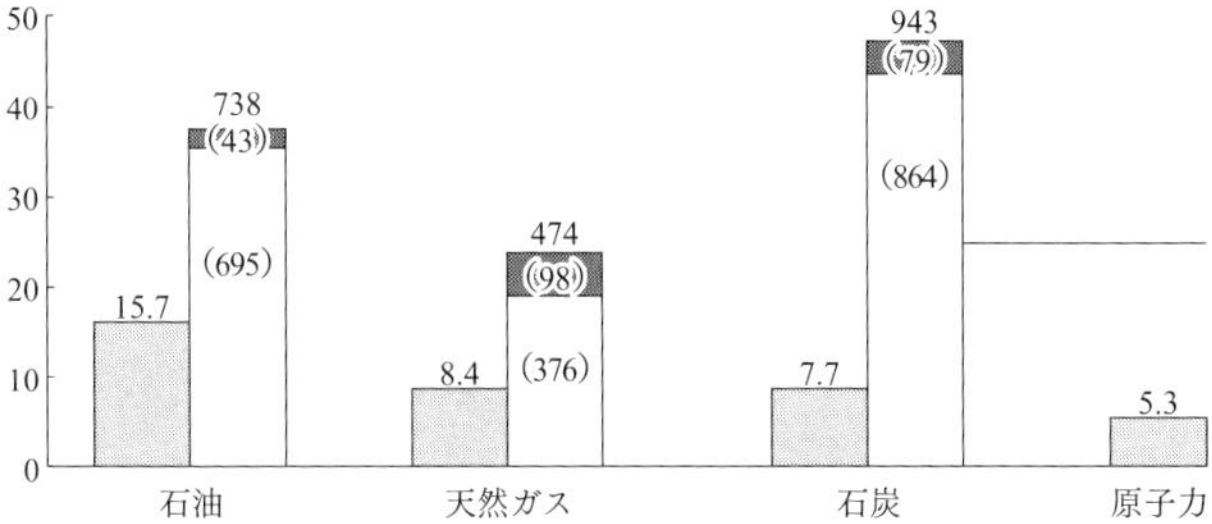


【コスト前提条件】 石油～水力は，運転年数 40 年，利用率 80%（水力は 45%），割ン（2009 年平均輸入価格）。
【出典：発電コスト】 石油・天然ガス・石炭については，近年の価格高騰を加味し試算）(2004 年 1 月）を基に試算。また，原子力，水力は同ギー部会中間報告」(2009 年 8 月)。
【出典：$CO_2$ 排出量】 ㈶電力中央研究所「日本の発電技術のライフサイクル $CO_2$

**図 5－1　各電源**

出所）資源エネルギー庁「我が国のエネルギー事情」(2011 年 5 月)。

とは、福島第一原発事故後の一連の原発運転停止によって日本経済が危機的局面に立っていることに、端的な形で示されている。それは、「日本沈没」という「今そこにある危機」である。

映画『今そこにある危機（*Clear and Present Danger*）』。ハリソン・フォード主演の一九九四年のアメリカ映画で、国家を危機に陥れたコロンビアの麻薬カルテルとアメリカ大統領の双方に対して敢然と戦うＣＩＡ情報担当官の姿を描いた好作品だった。現在の日本にも「今そこにある危機」は存在する。それは、「日本沈没」の最悪シナリオだ。

映画『日本沈没』。小松左京の小説にもとづく作品で、石油ショックが起きた一九七三年に上映され、大きな反響を呼んだ。各地で続発した大地震により、日本列島が完全に消滅するまでの過程を追った衝撃作だった。

現実の世界でわが国が直面する「今そこにある危機」は、東北地方太平洋沖地震を端緒にして大地震が続発し、「日本沈没」が起こるという類のものではない。それは、前章でも言及したように、東北地方太平洋沖地震の発生⇒東京電力・福島第一原子力発電所の事故⇒中部電力・浜岡原子力発電所の運転停止⇒定期検査中の原発のドミノ倒し的運転中止⇒電力供給不安の高まり⇒高付加価値工場の海外移転⇒産業空洞化による日本沈没、とい

### 表 5－1　2011 年 5 月末時点での日本の原子力発電所の運転状況

| 運転状況 | 基　数（基） | 出　力（万 kW） |
|---|---|---|
| 東北地方太平洋沖地震により停止中 | 11 | 970.2 |
| 定期検査により停止中 | 18 | 1,578.0 |
| その他の理由により停止中 | 8 | 798.5 |
| 営業運転中 | 17 | 1,549.3 |
| 合　計 | 54 | 4,896.0 |

出所）筆者作成。
注）「その他の理由により停止中」は，東京電力福島第一原発 4～6 号機，中部電力浜岡原発 3～5 号機，北陸電力志賀原発 1 号機，日本原子力発電敦賀原発 2 号機。

う連鎖が発生し、日本が沈んでゆくという内容の危機なのである。

表5－1にあるように、二〇一一年三月一一日の東北地方太平洋沖地震により、一一基の原子力発電所が運転を停止した。それとは別に、同年五月末時点で、定期検査中でストップしている原発が一八基あった[58]。このほか福島第一原発四～六号機、浜岡原発三号機など六基も地震発生時に停止中だったのであり、その後、二〇一一年五月六日の菅直人首相の強い要請によって、浜岡原発四、五号機もストップした。同年五月末時点で営業運転されていた原発は、基数でも出力でも日本全体の三分の一以下の一七基一、五四九万三、〇〇〇kWだけであった。

前章で確認したように、二〇一一年六月二〇日現在、原発が立地する各県の知事は、定期検査終了後も、明確な新しい安全基準が示されない限り原発運転の再開を認めるわけにはゆかないという姿勢をとっている。地元住民の安全を考えれば、当然の措置である。また、わが国では、一三カ月ごとに原発が定期検査にはいるため、このままでは、二〇一二年五月にすべての原発がストップすることになる。

日本の電源構成の約三割を占める原子力発電が全面停止することになれば、当然のことながら、電力の供給不安が広がる。ここで見落としてはならない点は、すでに指摘したように二〇一一年夏ないし二〇一二年夏にたとえ停電が回避されたとしても、電力供給不安が存在するだけで、電力を大量に消費する工程、半導体を製造するクリーンルーム、常時温度調整を必要とするバイオ工程、瞬間停電も許されないコンピュータ制御工程等々を有する工場の日本での操業が、リスクマネジメント上、困難になることだ。

二〇一一年五月一日付の『日本経済新聞』は、三井金属が、スマートフォン（高機能携帯電話）の回路基板向けなどで九割の世界シェアをもつ超薄型の銅箔について、生産工程の一部を海外に移すことを決めたと伝えた。大量の電力が必要なため、埼玉県の工場では供給量が落ちる可能性があるというのが海外移転の理由であり、「ノウハウ保持のため国内で集中生産してきたが、市場が拡大する携帯端末のサプライチェーン（供給網）の混乱回避を優先する」とのことである。(59) また、ロイターの村井令二は、二〇一一年四月一九日に発信した記事「今夏の電力不足で産業部門の節電が難航、経済への打撃に懸念」のなかで、「東電・東北電管内の空洞化も」という小見出しを掲げ、筆者の言葉も引用しつつ、次のように書いた。

二四時間稼働が前提の液晶パネル工場も半導体とは事情が同じだが、すでに日立製作所〔中略〕は、中小型液晶パネル製造子会社の日立ディスプレイズの茂原工場（千葉県茂原市）の生産減に備えて台湾の奇美電子（チーメイ・イノラックス）への生産委託を拡大することを決めた。節電による液晶パネル生産の減少分は台湾への外部発注でカバーする。

一橋大学大学院の橘川武郎教授は「電力二五％抑制では、大規模停電が避けられたとしても産業の競争力が落ちる。半導体や液晶は東日本ではもう作れないという話になりかねない。停電よりも、空洞化や経済に与える打撃の方が深刻かもしれない」との懸念を示す〔当時、東京電力管内では、夏のピーク時における二五％の電力使用制限が検討されていた〕。

さらに、海江田万里経済産業大臣は、二〇一一年六月七日に発表した「エネルギー政策見直しの基本的視点」のなかで、「原子力発電停止の影響」として「産業界からは、電力供給不安や電力コストの上昇が国内投資抑制や海外移転を招くとの指摘が相次いでおり、産業空洞化は今そこにある危機」（傍線は原文どおり）と述べ、

・少なくとも大規模な設備投資の経営判断は遅れざるをえない。【電機】
・質が良く量の多いエネルギーを安いコストで提供しないと企業の海外移転が加速化する可能性がある。【鉄鋼】
・来年以降の電力供給をどのように担保していくのか政策の方向性を一刻も早く示すのが政府の責任。【製薬】
・今以上の電気料金の上昇は、日本からの追い出し効果があることは間違いない。【繊維】
・これ以上、電気料金が上がれば、立地の「五重苦」（法人税、円高、労働規制、$CO_2$対策、経済連携の遅れ）がさらに厳しくなる。【自動車】(60)
・原発停止の動きが西日本にも波及し、発注元の大企業が国内からいなくなるのが目下、

中小企業者の最大の懸念。【中小企業団体】〔傍線は原文どおり〕

などの声を紹介した。そして、あわせて、経済産業省が二〇一一年五月に一一三社を対象にして行ったアンケート調査によれば、「震災の影響で海外移転が加速する可能性があると考える理由」は、

一位：電力供給の不安定、電力使用の抑制【約七割】
二位：電力コストの上昇【約六割】
三位：日本経済全体の復旧・復興の遅れ【約五割】

であったことも明らかにした。

これらの文献で言及されている工場は、高付加価値製品を製造している場合が多く、日本経済の文字通りの「心臓部」に当たる。それらが海外移転することによって生じる産業空洞化は、「日本沈没」に直結するほどの破壊力をもつのである。

## 2　経済性（Economy）

前掲図5－1にも書かれているように、長期的な意味での原子力発電の経済性は、東京電力・福島第一原子力発電所の事故を受けて、今後、大きく後退する可能性がある。しかし、少なくとも、既存原発を利用することの短期的な意味での経済的メリットは、簡単には揺るぎそうにない。前節で紹介したように、二〇一一年五～六月の時点で日本の産業界が、「定期検査中の原発のドミノ倒し的運転中止」に関して、「電力供給の不安定、電力使用の抑制」を危惧しただけでなく、「電力コストの上昇」を懸念したことは、そのことを端的に示している。

ここに一例がある。中国電力は、二〇一〇年度、点検不備によって島根原子力発電所の運転を停止したため、原発稼働率を予定した六四・八％から二〇・三％へ四四・五％も低下させることになった。この稼働率低下によって、同社は、燃料費の純増分など、合計四三〇億円の追加支出を余儀なくされた。つまり、原発稼働率が一％下がるごとに九億六、六二九万円支出が増えたわけである。中国電力は、二〇一一年度、原発稼働率を五〇・五

%とも見込んでいる。もし、これが〇%になってしまったら、四八八億円支出が増える計算になる。

海江田万里経済産業大臣は、二〇一一年六月七日発表の「エネルギー政策見直しの基本的視点」のなかで、「仮に定検等で停止した原子力発電が再起動できないと、約一年で全ての原子力発電が停止」としたうえで、「仮に全てを火力発電で代替するとして試算すると、今年度は約一・四兆円の燃料コスト増（震災を受けた東北、東京電力分の増加分を含むと計約二・四兆円）。それ以降一年間全て停止すると仮定すれば一年間で三兆円超増加。化石燃料輸入増による国富流出及び国民負担増につながる」（傍線は原文通り）、と指摘した。原子力発電の運転停止は、代替火力発電用燃料のコストを増大させ、最終的には電気料金の値上げに帰結するのである。

原発の運転停止が電気料金値上げに結びつく点は、日本に限ったことではない。二〇一一年六月七日付の『日本経済新聞』は、福島第一原発事故後、脱原発の方向へ舵を切ったドイツの事例を取り上げ、「『脱原発』決定、二二年までに実施　独電気料金一割上昇へ域内で割高一段と　製造業に警戒感」と伝えた。その記事は、具体的には、「政府が六日、脱原発政策を閣議決定したドイツでは、産業用の電気料金が約一割上昇する見通しだ。自

表５－２　ヨーロッパ主要国の産業向け電気料金

（単位：ユーロ／100kWh）

| 国 | 料金 |
| --- | --- |
| フランス | 6.6 |
| スウェーデン | 6.9 |
| トルコ | 7.9 |
| ポルトガル | 9.4 |
| ギリシャ | 9.4 |
| イギリス | 10.1 |
| スペイン | 11.2 |
| チェコ | 11.2 |
| ドイツ | 11.3 |
| ハンガリー | 13.0 |
| イタリア | 13.7 |
| ヨーロッパ 27 カ国平均 | 10.2 |

出所）「『脱原発』決定，22 年までに実施　独電気料金１割上昇へ」（『日本経済新聞』2011 年６月７日付）。原資料は，ヨーロッパ委員会調べ。
注）2009 年７～12 月の平均値。

動車産業など国内製造業はコスト負担増に警戒を強めている」、「化学大手BASF前社長のユルゲン・ハンブレヒト氏は『これ以上の負担増は受け入れられない』と批判、国内生産拠点の海外移転の加速を示唆する」、と報じたのである。

なお、この記事には「域内で割高一段と」という表現があるが、これは、記事中に示された表５－２をふまえたものである。この表からわかるように、脱原発政策への転換以前から、ドイツの産業向け電気料金は、ヨーロッパ域内で割高であった。二〇〇八年の電源構成に占める原子力発電の比率がフランスは七六％、スウェーデンは四三％、イギリスは一三％、スペインは一九％、ドイツは二三％、イタリアは〇％であることを考え合わせれば、ヨーロッパ各国間では、原発依存度が高いほど電気料金が安い傾向が存在すると言うことができる。

## 3　地球温暖化対策（Environment）

二〇一一年三月一一日の東北地方太平洋沖大地震に端を発した東京電力・福島第一原子力発電所の事故は、電力供給の安定性、経済性に否定的な影響を及ぼしただけではなかった。この事故は、日本の地球温暖化防止政策にも暗い影を投げかけた。なぜなら、原子力発電は、我が国において、低炭素社会実現の主役と位置づけられてきたからである。

二〇一〇年六月、新しい「エネルギー基本計画」が閣議決定された。この基本計画は、二〇三〇年までに、現状三八％である自主エネルギー比率（エネルギー自給率に加え、自主開発資源も勘案）を七〇％程度に上昇させる、三四％であるゼロ・エミッション電源（二酸化炭素をほとんど排出しない原子力や再生可能エネルギーによる発電）を約七〇％に引き上げる、などの内容を盛り込んでいた。

ゼロ・エミッション電源の目標からもわかるように、二〇一〇年策定の「エネルギー基本計画」の眼目の一つは、低炭素社会の実現にあった。そして、低炭素社会実現のための中心的な手段として同計画で高く位置づけられたのは、ほかならぬ原子力発電の拡充であ

表５－３　日本の電源構成の変化（2007 年度，2030 年度）

| 内　容 | 年度 | 原子力 | 再生可能エネルギー等 | 石　炭 | LNG | 石油等 | 合　計 |
|---|---|---|---|---|---|---|---|
| 設備容量（万 kW） | 2007 | 4,947<br>(20) | 5,014<br>(21) | 3,747<br>(16) | 5,761<br>(24) | 4,692<br>(19) | 24,161<br>(100) |
| | 2030 | 6,806<br>(21) | 12,025<br>(38) | 3,502<br>(11) | 5,165<br>(16) | 4,300<br>(14) | 31,798<br>(100) |
| 発電電力量（億 kWh） | 2007 | 2,638<br>(26) | 884<br>(9) | 2,605<br>(25) | 2,822<br>(27) | 1,356<br>(13) | 10,239<br>(100) |
| | 2030 | 5,366<br>(53) | 2,140<br>(21) | 1,131<br>(11) | 1,357<br>(13) | 205<br>(2) | 10,200<br>(100) |

出所）経済産業省「2030 年のエネルギー需給の姿」（2010 年 7 月）。
注 1 ）2007 年度は実績値。2030 年度は推計値。
　2 ）（　）内は構成比（%）。
　3 ）2007 年度の発電電力量の電源別実績には，重複分が含まれる。そのため，電源別実績の単純な合計値は，10,305 億 kWh となる。

る。原子力発電に関して、「エネルギー基本計画」は、二〇二〇年までに九基の新増設と約八五％の設備利用率達成、二〇三〇年までに一四基以上の新増設と約九〇％の設備利用率達成を、それぞれ打ち出した。

表５－３は、二〇〇七～三〇年における日本の電源構成の変化を示したものであり、新しい「エネルギー基本計画」の発表に際して、経済産業省があわせて公表した「二〇三〇年のエネルギー需給の姿」に含まれていたものである。この表からわかるように、再生可能エネルギーによる発電の設備容量は二三年間に二・四倍になり、構成比も二一％から三八％

へ上昇する。しかし、肝心の発電電力量についてみると、再生可能エネルギーの比率は、二〇三〇年度においても二一％にとどまる。これは、再生可能エネルギーによる発電の設備利用率が、太陽光発電や風力発電の事例を想定すればわかるように、きわめて低位にとどまるからである。一方、二〇〇七〜三〇年の二三年間に原子力発電の設備容量は一・四倍になり、二〇三〇年度の発電電力量における比率は五三％に達する。この見通しによれば、再生可能エネルギーによる発電の設備拡充に大きな力を注ぐにもかかわらず、二〇三〇年時点でもゼロ・エミッション電源の主役は、再生可能エネルギーによる発電ではなく、あくまで原子力発電なのである。

表５－４は、主要な二酸化炭素（$CO_2$）排出削減策の二〇三〇年までの累積投資額と削減効果を一覧したものであり、資料の出所は表５－３と同一である。この表の「Ａ÷Ｂ」の欄からわかるように、$CO_2$排出削減量一トン当たりの必要投資額は、再生可能エネルギーが四三万五、〇〇〇円に及ぶのに対して、原子力発電は三万五、〇〇〇円にとどまる。$CO_2$排出削減に関し原子力発電の費用対効果は、再生可能エネルギーのそれの一二倍以上に達するのであり、この面からみても、ゼロ・エミッション電源の主役はあくまで原子力発電であることは明らかである。原子力発電が、費用対効果の点で、他の諸々の$CO_2$

**表 5－4　主要な二酸化炭素（$CO_2$）削減対策の累積投資額と削減効果（2030 年まで）**

| 部門 | 削減対策 | A 累積投資額（兆円） | B 削減効果（百万トン） | A ÷ B（万円／トン） |
| --- | --- | --- | --- | --- |
| 民生 | 住宅・建築物の省エネ | 50.3 | 59 | 85.3 |
| | 高効率給湯器（家庭用） | 4.6 | 19 | 24.2 |
| | 高効率照明 | 4.2 | 28 | 15.0 |
| | IT 機器の省エネ（グリーン IT） | 6.0 | 30 | 20.0 |
| | その他 | 11.4 | 30 | 38.0 |
| 産業 | 製造部門の省エネ | 6.6 | 39 | 16.9 |
| | 革新的技術開発 | | | |
| | ガス転換 | | | |
| 運輸 | 次世代自動車の普及・燃費向上 | 13.6 | 54 | 25.2 |
| | バイオ燃料 | | | |
| 転換 | 再生可能エネルギー | 26.1 | 60 | 43.5 |
| | 原子力発電 | 5.6 | 160 | 3.5 |
| | 火力発電の高効率化 | 2.5 | 25 | 10.0 |
| 合計ないし平均 | | 130.9 | 504 | 26.0 |

出所）経済産業省前掲「2030 年のエネルギー需給の姿」。
注 1）数値は概数。
　2）産業部門と運輸部門については，部門全体の数値を計上。

排出削減策より抜きん出て優れていることは、この表5－4が雄弁に物語っている。

誤解のないように付け加えておけば、ここで言いたい点は、再生可能エネルギーの活用に反対だということでは、まったくない。それどころか、再生可能エネルギーの活用には一連の技術革新が必要であるから、そのための取組みを、現時点でも抜本的に強化すべきだと考えている。ただし、再生可能エネルギーが低炭素社会実現のため本格的な役割をはたすようになるのは、早くても二一世紀半ばごろのことである。それまでのあいだに、温暖化の進行によって地球と人類が滅びてしまっては、元も子もない。その間、つまり二一世紀前半に何とか地球温暖化にストップをかけ、この面からの人類の破滅を止めるためには、現実的には原子力発電が大きな役割をはたしうると言いたいのである。

二〇〇七年七月に発生した新潟県中越沖地震の影響で、東京電力の柏崎刈羽原子力発電所は、一時、運転を全面的に停止した。その影響で、$CO_2$の排出量は、年間約三、〇〇〇万トンも増加した。一九九〇年の日本の温室効果ガス排出量は、一二億六、一〇〇万トン（$CO_2$換算）であった。つまり、柏崎刈羽原子力発電所という一つの原子力発電所の運転がストップしただけで、日本全体の$CO_2$総排出量が一九九〇年比二・四％も増加したわけである。

よく知られているように日本は、京都議定書によって、二〇〇八年から二〇一二年までの平均で、$CO_2$などの温室効果ガスの排出量を一九九〇年水準に比べて六%削減することを義務づけられている。柏崎刈羽原子力発電所の運転停止は、京都議定書の目標値の三分の一以上に相当する二・四%もの$CO_2$排出量の増加をもたらし、日本の目標値を事実上八・四%にまで引き上げたに等しい、多大な影響を及ぼした。この事実は、裏を返せば、原子力発電所が$CO_2$排出量の削減に大きく貢献していることを意味する。

このように、原子力発電は、低廉な電力の安定供給という面だけでなく、地球温暖化の防止という面でも、必要なものである。一方で、原子力発電は、ひとたび事故が起これば、周辺環境を大きく破壊する危険性をもつ。今回の福島第一原子力発電所の事故は、そのことを如実に示している。

従来、日本では、原子力発電をめぐって、原理的な反対派と推進派とのあいだで、不毛とも言える「水掛け論」が展開されることが多かった。これからは、原子力発電の危険性と必要性の双方を直視して、それらのバランスをとり、原子力発電をどの程度利用してゆくかについて、冷静で現実的な議論を煮詰めることが求められる。原子力発電をめぐる議論は、質的な進化をとげなければならないのである。

# 第6章

# 福島第一原発事故後のエネルギー政策

## 1　いくつかの原発縮小シナリオ

この章では、原子力発電の危険性と必要性の双方を直視し、冷静で現実的な議論を煮詰めてゆく。その際、出発点となるのは、東京電力・福島第一原子力発電所の事故を受けて、日本における原子力発電の規模が将来的には縮小してゆくという大局観である。

わが国には、現在、五四基の原子力発電プラントが稼働しているが、今後、どのような原発縮小シナリオが考えうるだろうか。表6－1は、それをまとめたものである。

この表が示すように、原発縮小シナリオとしては、

①福島第一原発の廃止（原子力プラント六基減少、以下同様）、

②同じ福島県に立地し、同じ東京電力が運転する福島第二原発の廃止（四基減少）、

**表6－1　福島原発第一事故を受けた原子力発電の縮小シナリオ**

| 番号 | シナリオ | 基数 | 対象原発プラント |
|---|---|---|---|
| ① | 福島第一原発廃止 | 6 | 福島第一 1～6 号機（以下同様） |
| ② | 福島第二原発廃止 | 4 | 福島第二 1～4 |
| ③ | 浜岡原発廃止 | 3 | 浜岡 3～5 |
| ④ | プルサーマル発電プラント廃止 | 4 | 福島第一 3，高浜 3，伊方 3，玄海 3 |
| ⑤ | 高経年プラント廃止 (1) 40 年超 | 3 | 福島第一 1、敦賀 1、美浜 1 |
| ⑥ | 高経年プラント廃止 (2) 30 年超～40 年未満 | 16 | 福島第一 2～6，東海第二，美浜 2～3，高浜 1～2，大飯 1～2，島根 1，伊方 1，玄海 1～2 |
| ⑦ | 全プラント廃止 | 54 | （記載略） |

出所）筆者作成。

③浜岡原発の廃止（三基減少）[62]、
④プルサーマル発電プラントの廃止（四基減少）、
⑤営業運転開始後四〇年超の高経年プラントの廃止（三基減少）、
⑥営業運転開始後三〇年超四〇年未満の高経年プラントの廃止（一六基減少）、
⑦全プラントの廃止（五四基減少）、

などが考えられる。このうち、①の福島第一原発廃止による六基減少は、既定事実と言える。

各縮小シナリオには重複する部分があるため、その点を考慮に入れると、

・①と②の組合せでは一〇基、
・①と③の組合せでは九基、
・①と②と③の組合せでは一三基、

・①と④の組合せでは九基、
・①と②と④の組合せでは一三基、
・①と⑤の組合せでは八基、
・①と②と⑤の組合せでは一二基、
・①と⑤と⑥の組合せでは一九基、
・①と②と⑤と⑥の組合せでは二三基、
・⑦では五四基すべて、

の原子力発電プラントが運転を停止することになる[63]。

一方、原子力発電プラントの新増設に関してみれば、現時点で多少なりとも可能性があるのは、二〇一一年三月一一日の東日本大震災発生時に建設中でほとんど完成している中国電力・島根発電所三号機と半ば完成している電源開発㈱・大間発電所の二基にとどまる。もう一基建設中であった東京電力・東通発電所一号機については、着工開始直後で工事がほとんど進捗していないこと、工事主体が東京電力であることなどから、新設は困難だろう。また、着工準備中で二〇二〇年までに運転開始予定だった六基（東京電力・福島第一発電所七・八号機、日本原子力発電㈱敦賀発電所三・四号機、中国電力・上関発電所一号機、九州電力・川内発電所三号機）のうち福島第一原発の二基については建設が不可能になったし、残る四基についても新増設のめどは立っていない。

## 2　再生可能エネルギーの普及と課題

前節でみたように、東京電力・福島第一原子力発電所の事故を受けて、日本における原子力発電の規模が将来的に縮小してゆくことは間違いない。それでは、原発の縮小分をどのような電源で代替することができるだろうか。

最も期待が高いのは、太陽光・風力・地熱・水力・バイオマスなどの再生可能エネルギーを利用する発電である。再生可能エネルギー利用発電の拡充、普及については国民的合意があり、全力をこめて取り組まなければならないテーマであることは疑いの余地がない。ただし、一方で、再生可能エネルギーの普及には、多くの課題が残されていることもまた、否定できない事実である。

あまり知られていないが、わが国では、図6－1にあるとおり、すでに二〇〇七年の時

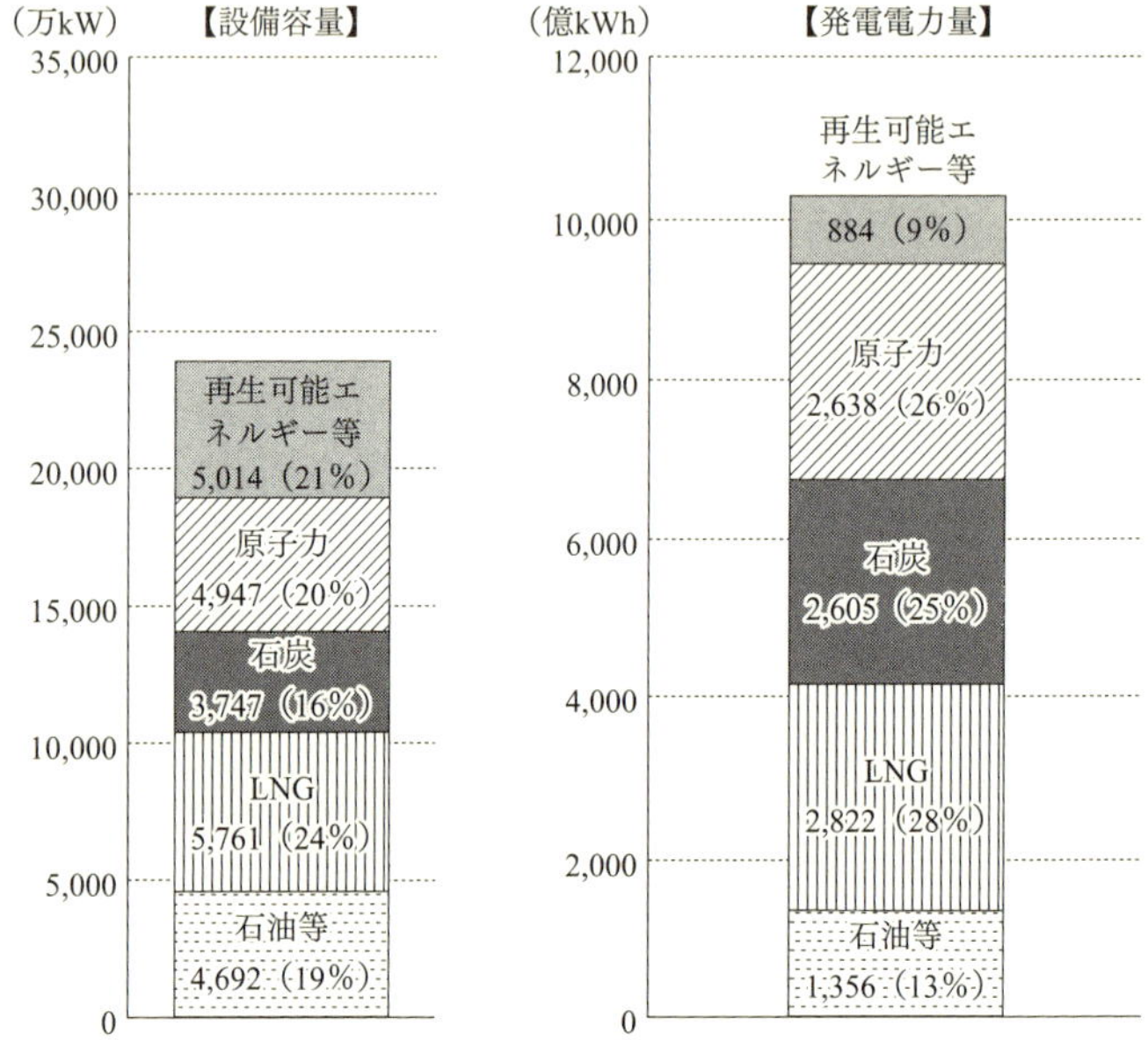


**図 6－1　発電設備容量と発電電力量の電源別構成（2007 年度）**

出所）経済産業省資源エネルギー庁編前掲『エネルギー基本計画』より作成。

点で、再生可能エネルギー等を利用する発電設備の容量が原子力発電の設備容量を上回っていた。しかし、肝心の発電電力量について見れば、再生可能エネルギー等を利用する発電設備の実績値は、原子力発電のそれの三分の一強にとどまった。このことから窺い知ることができるように、再生可能エネルギーを利用する発電には稼働率が低いという問題点がある。(64)

稼働率が低い再生可能エネルギー利用発電の典型は、太陽光発電と風力発電である。図6－2は、アメリカ・エネルギー省エネルギー情報局（DOE/EIA）が発表したアメリカにおける新規発電所（二〇一六年運用開始）の電源別稼働率の推定値である。この図からも、太陽光発電や風力発電の稼働率が原子力発電や火力発電の稼働率に比べて低いことは明らかである。

太陽光発電と風力発電には、稼働率が低いだけでなく、出力の変動が激しいという問題点もある。(65) このため、しばらくのあいだは、太陽光発電ないし風力発電のバックアップ電源として、ガスタービン火力等の火力発電を使用せざるをえない。バックアップ用火力発電への依存度は小さくないと見込まれるため、この状態が続くかぎり、太陽光発電ないし風力発電が電源構成上のウェートを顕著に高めることは難しい。バックアップ用火力発電

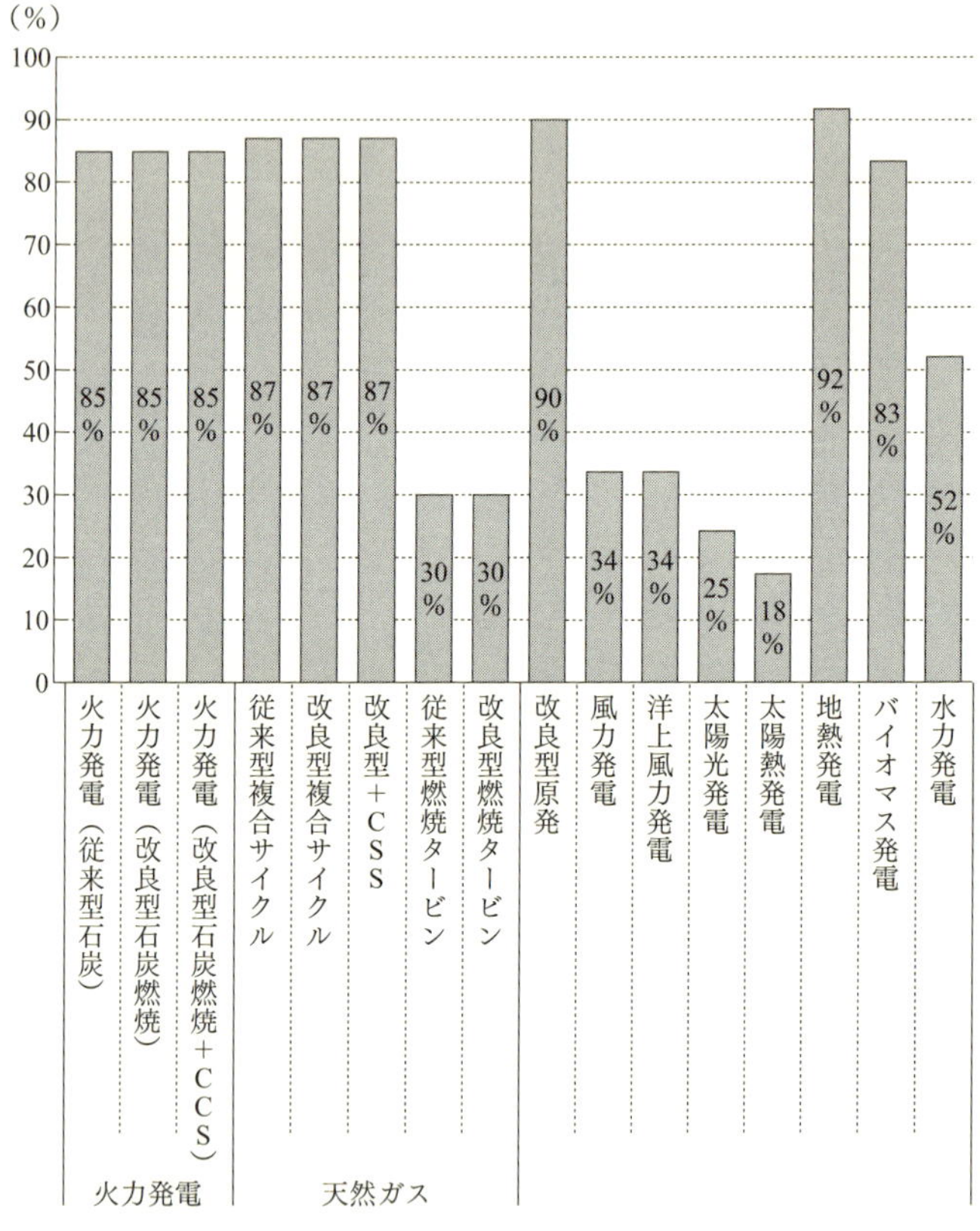


**図 6－2　アメリカにおける新規発電所（2016 年運用開始）の電源別稼働率の推定値**

出所）不破雷蔵「従来型・新エネルギーの純粋コストをグラフ化してみる」（Garbagenews.com ホームページ，2011 年 4 月 24 日）。

注）アメリカ・エネルギー省エネルギー情報局（DOE/EIA）が行ったアメリカにおける新規発電所（2016 年運用開始）の電源別コスト比較の際に使用した稼働率の推定値。

への依存度を小さくするためには蓄電池の開発が必要不可欠であるが、それには時間がかかる。端的に言えば、太陽光発電ないし風力発電が電源構成面で重要な地位を占めるようになるのは、まだまだ先のことなのである[66]。

もちろん、そうであるからと言って、太陽光発電や風力発電を普及させる取組みを弱めるべきだという意味では、けっしてない。将来へ向けた技術革新に全力をあげるべきであるし、適切に設計された再生可能エネルギー利用発電の全量買取り制度は、とくに太陽光発電を普及させるうえで有効である。また、東日本大震災の教訓をふまえて、太陽光発電や風力発電を緊急時には系統から切り離して独立運転させることができる分散型電源として活用するというアイディアも、検討に値する。太陽光発電や風力発電をガスタービン火力と組み合わせて、スマート・コミュニティを形成することも考えられる。太陽光発電と風力発電については、これまで地球環境保全（Environment）の観点から重視されることが多かったが、今後は、エネルギー安定供給（Energy Security）の見地からも、その価値を再認識すべきであろう。

一方、再生可能エネルギーのうち地熱・水力・バイオマスについては、太陽光や風力の場合とは異なり、稼働率の低さや出力の不安定さという問題点が存在しない[67]。その意味で、地熱・水力・バイオマスは「即戦力の電源」であるが、それぞれに固有の課題を抱えることも事実である。

地熱発電の場合には、適地の多くが国立公園や国定公園に含まれ、自然公園法等の規制が厳しいという問題がある。また、温泉の枯渇を危惧する温泉業者との利害調整も、大きな課題である。

水力発電については、主要な適地の開発は、すでに完了している。残されているのは、未利用落差、水道用水、農業用水などを利用する小水力開発であるが、ここでも、規制とコストの壁は高い。バイオマス発電についても、物流コストの高さが、普及を妨げる障害となっている。

## 3 「火力シフト」と天然ガスの確保

東京電力・福島第一原子力発電所の事故を受けて、日本における原子力発電の規模は縮小に向かう。しかし、その代替電源として期待される再生可能エネルギーを利用する発電が電源構成面で本格的な「戦力」となるのには、時間がかかる。そうであるとすれば、消去法によって、火力発電のウェートが拡大する「火力シフト」が生じざるをえない。

実際に、二〇一一年夏に深刻な電力供給力不足に直面することになった東京電力、東北電力、中部電力は、火力シフトによって供給力の回復を図った。例えば、東日本大震災によって大打撃を受け、設備容量六、〇〇〇万kWを上回る発電設備を擁しながら、計画停電初日の二〇一一年三月一四日には三、一〇〇万kWの供給力しか確保できなくなった東京電力は、その後、同年夏のピーク時に対応するため供給力を五、六八〇万kWにまで急速に回復させたが、その回復分の大半は火力発電の増強によるものであった。原子力発電の縮小分を補った代替電源は、火力発電だったのである。

このような火力シフトには、二つの問題がつきまとう。一つは、天然ガス・石炭・石油等の火力発電用燃料をいかに安く安定的に調達するかという問題であり、もう一つは、これらの化石燃料を使用することにより排出される二酸化炭素（$CO_2$）が引き起こす地球温暖化について、いかに対処するかという問題である。

前者の燃料調達の問題に関して鍵を握るのは、天然ガスの確保である。二〇一一年三月末、アメリカのオバマ大統領は、新しいエネルギー政策を発表したが、その際、強調したのは、中東の政情不安等の影響で価格高騰を続ける原油の輸入を縮小し、国内産天然ガスの利用を拡大することであった。(68) この「国内産天然ガス」とは、新技術の開発によって掘削、生産することが可能になった地下の頁岩《けつがん》層に含まれるシェールガスのことである。シェールガスの大量産出によって、アメリカは、二〇〇九年、ロシアを抜いて、世界最大の産ガス国となった。

残念ながら、わが国ではシェールガスは産出しない。しかし、アメリカでの「シェールガス革命」は、アメリカでのシェールガスの大量生産→アメリカの天然ガス輸入の減少→国際市場での天然ガス需給の緩和、という脈絡を通じて、日本の天然ガス調達にも好影響をもたらす。最近では、長いあいだ国際市場で原油価格と連動してきた天然ガス価格が、そのような「油価リンク」から離脱して、相対的に低価格を示す傾向が目立つようになった。

このような好機を活かして天然ガスを安く安定的に調達するためには、日本企業は、国際市場でバイイング・パワーを大いに発揮する必要がある。しかし、現実には、液化天然ガス（ＬＮＧ）国際市場での日本企業の地位は、後退しつつある。かつては、ＬＮＧ国際市場で最大の買い手は、東京電力であった。しかし、現在、その座は韓国ガス（ＫＯＧＡ

S）に取って代わられている。韓国では、電力会社（韓国電力＝KEPCO）や他の都市ガス会社の需要分まで韓国ガスがLNGを一括輸入するようになったからである。日本においても、電力会社やガス会社が連携して、LNGを共同購入し、国際市場でバイイング・パワーを効かせる必要がある。[69] 場合によっては、日本と韓国、さらには中国が協力してLNGを購入することもありうる選択肢だと言える。

## 4　$CO_2$削減の切り札としての石炭火力技術移転

火力シフトがもたらす問題は、燃料調達の難しさに限定されるわけではない。火力発電が化石燃料を使用することから生じる、二酸化炭素（$CO_2$）排出がもたらす地球温暖化について、いかに対処するかという問題も重大だと言える。

この地球温暖化対策に関しては、意外でありながら、きわめて有効な施策がある。それは、日本の石炭火力発電技術を海外へ移転することである。

地球温暖化問題の深刻化とともに、日本国内では、石炭火力発電に対する風当たりが強まった。発電電力量当たりの$CO_2$排出量が多いことをとらえて、短絡的に石炭火力を「悪者」扱いし、その新増設に反対するばかりか、極端な場合には、その撤去さえ求める論調が目立ちつつあったのである。

本書の第2章で先述したように、石炭火力の発電電力量当たりの$CO_2$排出量は、確かに大きい。しかし、そうであるからと言って、石炭火力を「悪者」扱いするのは正しいだろうか。答えは「否」である。

まず、石炭火力「悪者」説は、石炭火力がもつ経済（Economy）面やエネルギー安定供給（Energy Security）面での優位性を軽視している点で、一面的である。もし、国内において、一般供給用および自家用の石炭火力発電の規模が抑制されることになれば、化学工業や鉄鋼業をはじめとして、日本の多くの基幹産業が国際競争力を失うことになるだろう。また、石炭に関しては、供給源が原油のように特定地域に集中しておらず、そのうえ輸入量の約四〇%が、日本企業によって開発・生産された「自主石炭」で占められている事実を見落としてはならない。つまり、石炭は、石油や天然ガスにはない経済面やエネルギー安定供給面での優位性を有しているのである。石炭火力「悪者」説は、エネルギー問題を考える場合に念頭におくべき三つのEのうち、EconomyとEnergy Securityを軽視したものであり、一面的であるとのそしりを免れえない。

ただし、ここで強調すべき論点は、むしろ別のところにある。それは、石炭火力「悪者」説が、三つのEのうちの残る一つのE、すなわち肝心の環境（Environment）問題に関しても、重大なミス・リーディングをもたらしかねない点である。

この論点に関して指摘すべき第一の事実は、地球環境問題はあくまで地球大で解決しなければ意味がないことである。

鳩山由紀夫前首相は、「すべての主要排出国の参加による意欲的な目標の合意」を前提条件にして、日本としては、二〇二〇年までに温室効果ガス排出量を一九九〇年比で二五%削減するという方針を打ち出した。この方針は、「鳩山イニシアティブ」と呼ばれ、今日でも、わが国の地球温暖化防止に関する国際公約となっている。一九九〇年の日本の温室効果ガス排出量は、一二億六、一〇〇万トン（$CO_2$換算、以下同様）であったから、その二五%は三億一、五二五万トンであり、「鳩山イニシアティブ」は、大まかに言えば、二〇二〇年までに二酸化炭素（$CO_2$）排出量を三・二億トン減らそうとするものだと言うことができる。

ここで忘れてはならない第一の事実は、日本の温室効果ガス排出量は一二億九〇〇万トン（二〇〇九年度確定値）[70]であり、図6－3が示すように、二〇〇八年についてみると、世界全体の$CO_2$排出量二九四億七、一〇〇万トンに占める日本の$CO_2$排出量一一億八、六〇〇万トンの比率は、四・〇%に過ぎないことである。二〇二〇年までかけて日本の$CO_2$排出量を二五%（三・二億トン）減らしたところで、それだけでは、世界全体での削減率は一%強にとどまり、地球温暖化問題はとうてい解決しない。地球環境問題を解決するためには、$CO_2$排出量を地球的規模で削減しなければならないのであり、それを進めるうえで、世界最高クラスの石炭火力発電の熱効率など、日本の技術力の出番は大きいのである。

　指摘すべき第二の事実は、石炭火力発電は世界の主流を占める発電方式であり、たとえ日本でだけ石炭火力を縮小しても、国際的な石炭火力依存が変わらない限り、地球環境問題の解決策とはならないことである。

　図6－4は、IEA（国際エネルギー機関）のデータにもとづき、二〇〇六年における主要国と世界の発電電力量の電源別構成比をみたものである。この図からわかるように、石炭火力のウェートは、日本では二七・四%であるのに対して、中国では八〇・二%、インドでは六八・三%、アメリカでは四九・八%に達する。発電面で再生可能エネルギーの

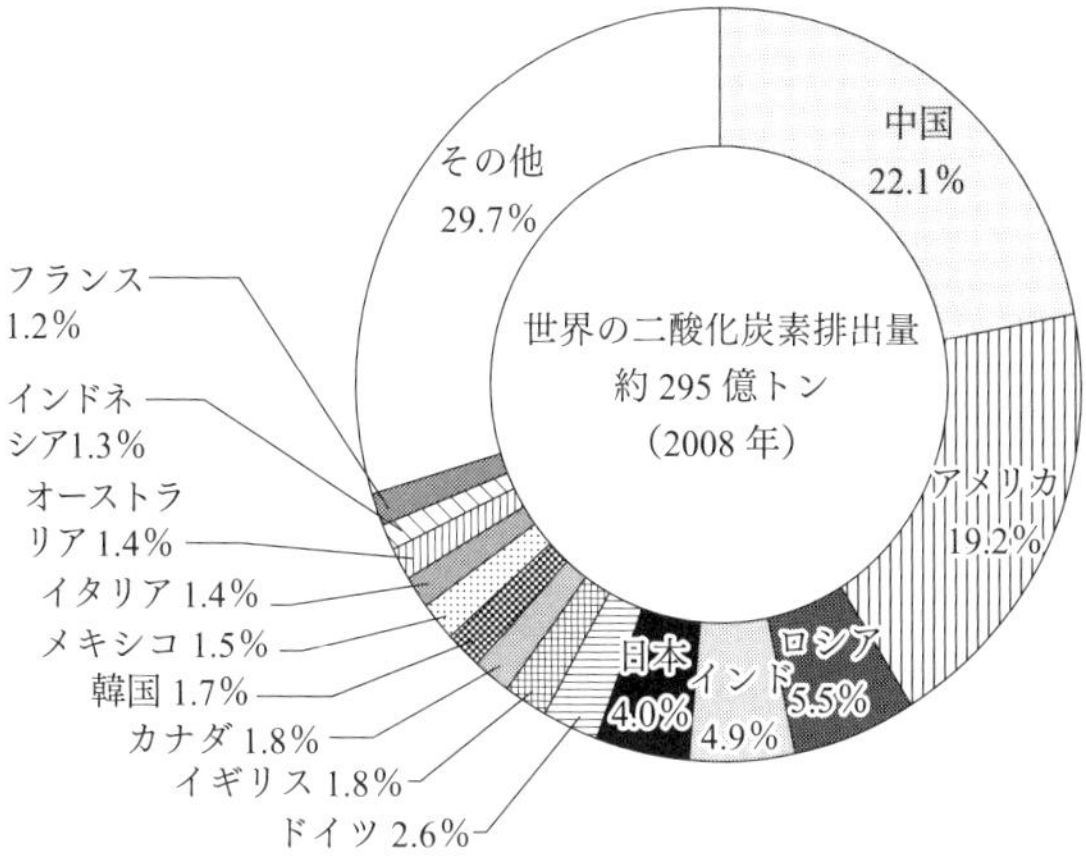


| 順位 | 国　名 | 排出量(百万トン) | 割合（%） |
|---|---|---|---|
| 1 | 中　国 | 6,510 | 22.1 |
| 2 | アメリカ | 5,646 | 19.2 |
| 3 | ロシア | 1,620 | 5.5 |
| 4 | インド | 1,456 | 4.9 |
| 5 | 日　本 | 1,186 | 4.0 |
| 6 | ドイツ | 769 | 2.6 |
| 7 | イギリス | 523 | 1.8 |
| 8 | カナダ | 516 | 1.8 |
| 9 | 韓　国 | 489 | 1.7 |
| 10 | メキシコ | 433 | 1.5 |
| 11 | イタリア | 421 | 1.4 |
| 12 | オーストラリア | 399 | 1.4 |
| 13 | インドネシア | 380 | 1.3 |
| 14 | フランス | 360 | 1.2 |
|  | その他 | 8,763 | 29.7 |
|  | 各国の排出量の合計（世界の排出量） | 29,471 |  |

**図 6 - 3　世界の二酸化炭素（$CO_2$）排出量と国別排出比率（2008 年）**

出所）日本エネルギー経済研究所計量分析ユニット編『EDMC ／エネルギー・経済統計要覧（2011 年版）』（省エネルギーセンター，2011 年）。

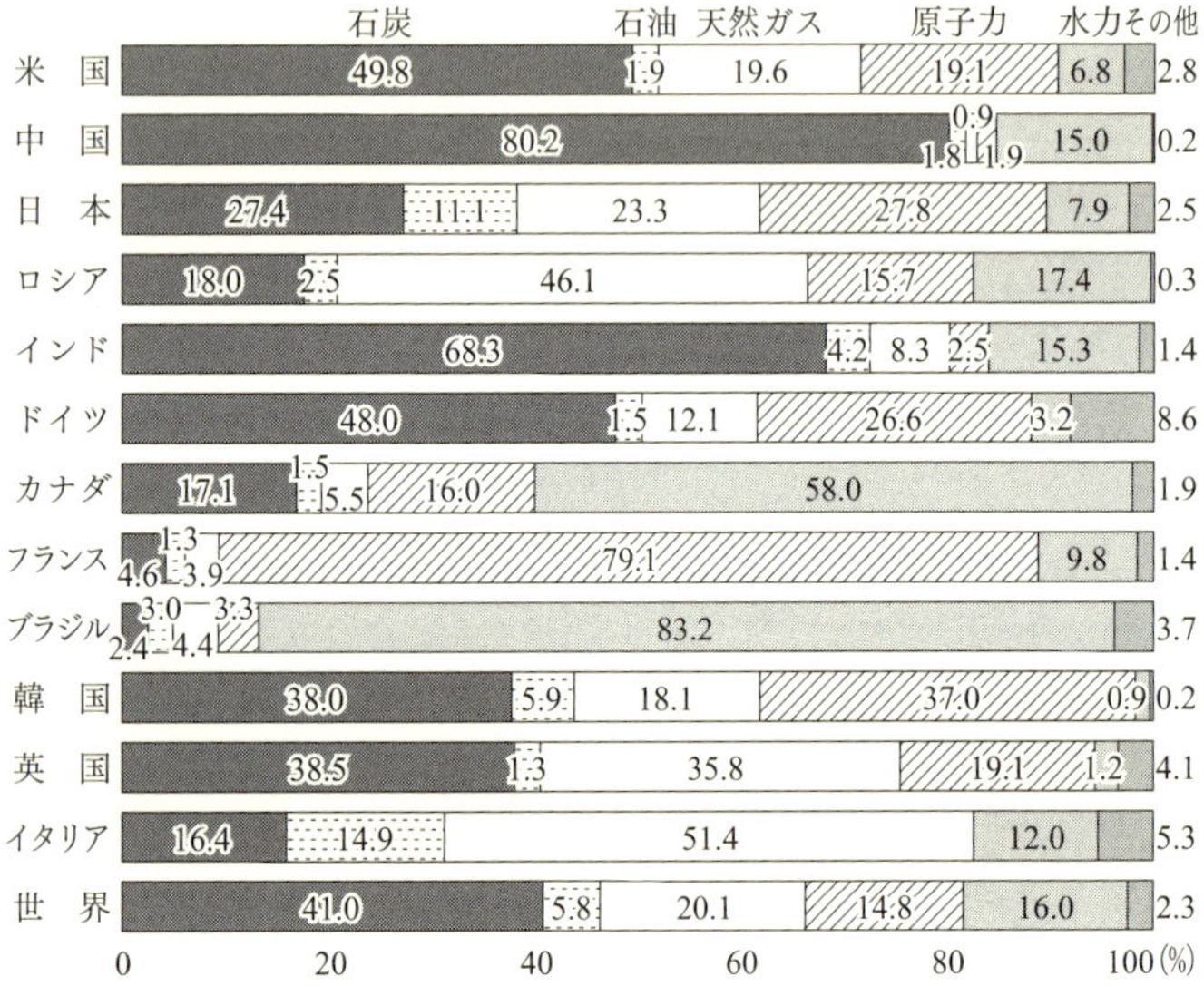


**図 6－4　主要国の電源別発電電力量の構成比（2006 年）**

出所）経済産業省資源エネルギー庁資源・燃料部石炭課編『地球を救うクリーンコール——我が国クリーンコール政策の新たな展開 2009』（エネルギーフォーラム，2009 年）。

使用が進んでいると言われるドイツにおいてでさえ、石炭火力のウェートは四八・〇%に及ぶ。世界全体の発電電力量の電源別構成比においても、四一・〇%を占める石炭は、二〇・一%の天然ガス、一六・〇%の水力、一四・八%の原子力、五・八%の石油火力などを圧倒している。世界の発電の主流を占めるのはあくまで石炭火力なのであり、当面、その状況が変わることはないのである。[71]

指摘すべき第三の事実は、日本の石炭火力の熱効率は世界最高水準にあり、その技術を国際移転すれば、すぐにでも$CO_2$排出量を大幅に削減することができることである。

図6-5にあるとおり、国際的にみて中心的な電源である石炭火力発電の熱効率に関して、日本は、ドイツ・アメリカ・中国・インドを凌ぎ、北欧諸国と並んで世界トップクラスの実績をあげている。したがって、日本の石炭火力発電所でのベストプラクティス（最も効率的な発電方式）を諸外国に普及すれば、それだけで、世界の$CO_2$排出量は大幅に減少することになる。

図6-6からわかるように、中国・アメリカ・インドの三国に日本の石炭火力発電のベストプラクティスを普及するだけで、$CO_2$排出量は年間一三億四、七〇〇万トンも削減される。この削減量は、一九九〇年の日本の温室効果ガス排出量一二億六、一〇〇万トンの

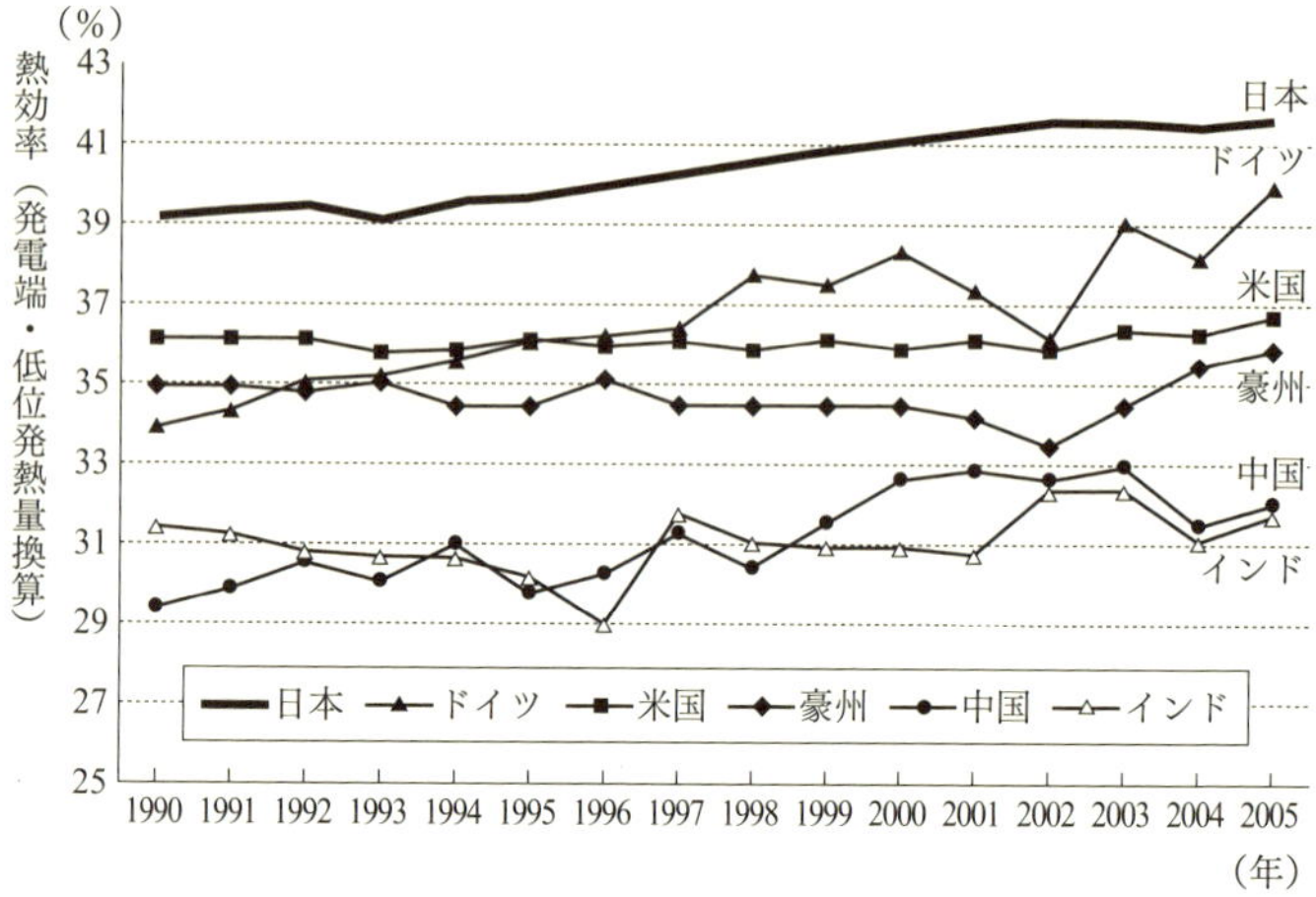


**図 6－5　石炭火力発電の熱効率の各国比較（1990～2005 年）**

出所）経済産業省資源エネルギー庁資源・燃料部石炭課編前掲『地球を救うクリーンコール――我が国クリーンコール政策の新たな展開 2009』。

一〇六・八％に相当する。日本の石炭火力のベストプラクティスを中米印三国に普及しさえすれば、鳩山前首相が打ち出した「二五％削減目標」の四倍以上の温室効果ガス排出量削減効果を、二〇二〇年を待たずして、すぐにでも実現できるわけである。この事実をふまえれば、日本の石炭火力技術は地球温暖化防止の「切り札」となると言っても、決して過言ではないのである。

　ここまで指摘してきたような三つの事実に目を向けると、石炭火力「悪者」説が、肝心の環境問題に関しても的外れなものであることは明らかである。石炭火力が日本に存在するからこそ、熱効率の

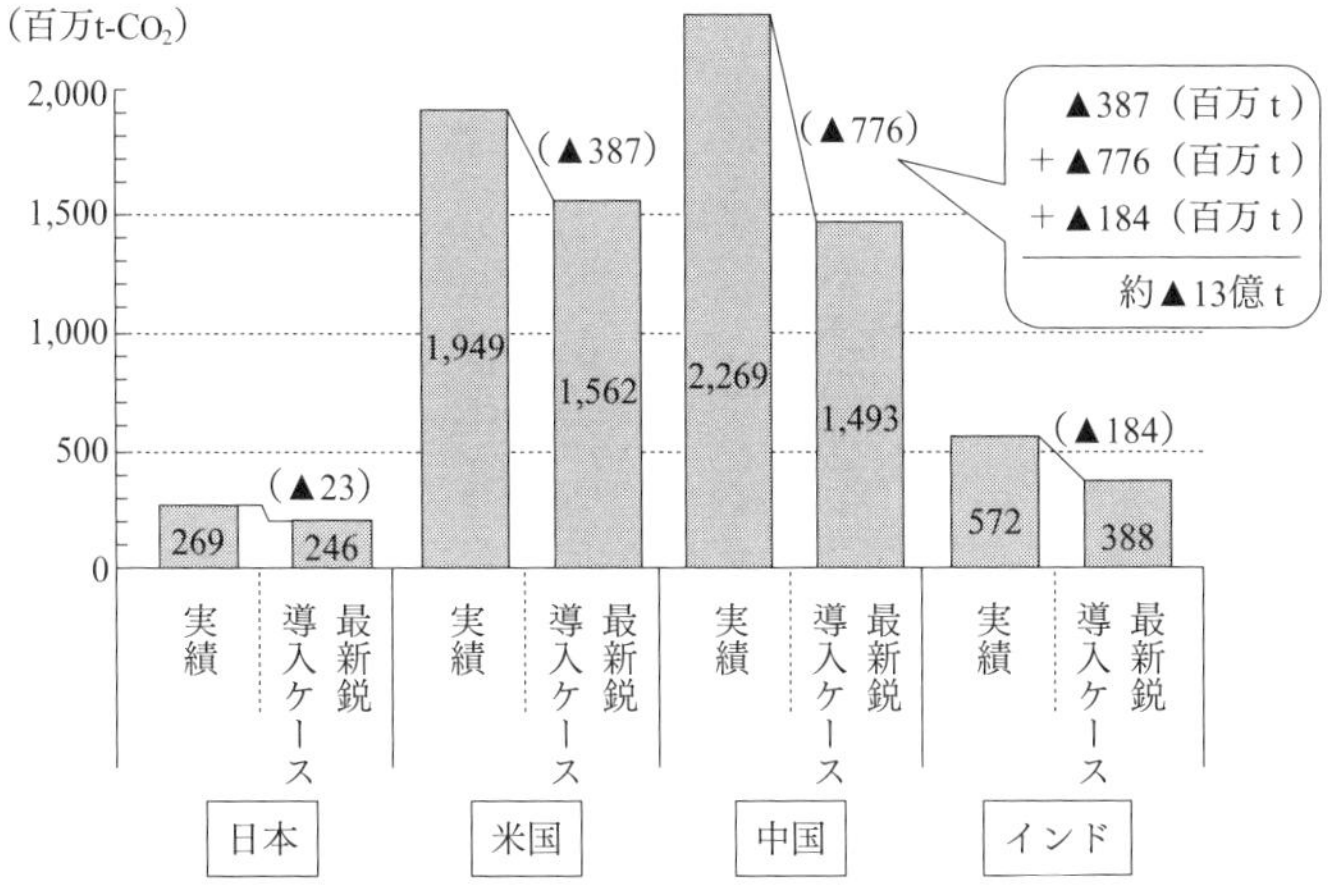


**図 6－6　日本の石炭火力発電のベストプラクティスを普及した場合の $CO_2$ 排出量の削減効果**

出所）経済産業省資源エネルギー庁資源・燃料部石炭課編前掲『地球を救うクリーンコール――我が国クリーンコール政策の新たな展開 2009』。

向上は進み、$CO_2$ 排出量原単位の改善をもたらす技術革新が進展する。その石炭火力を「悪者」視して日本から追い出したりすると、$CO_2$ 排出量の世界的規模での削減につながる技術革新は停滞する。このような意味で石炭火力「悪者」説はミス・リーディングなのであり、我々としては、日本の石炭火力を $CO_2$ 排出量削減の「正義の味方」として、正しく評価しなければならないのである。

　ところで、なぜ日本の石炭火力の熱効率は世界最高水準にあるのだろうか。石炭は、世界で、年間およそ六〇億トン生産される。ただし、生産された国の中で消費される割合が高く、貿易量は約九億トン、約一五％にとどまる。これは、石油と大きく異なる点であり、石炭をほとんど輸入に頼る日本は、世界の石炭ユーザーのなかでも、相当に特殊な存在だと言える。一方で、日本はかつての石炭産出国であり、一次エネルギーの自給率は一九六一年まで五〇％を超えていた（二〇〇六年の自給率は四％）。つまり、日本は、石炭を使いこなす技術を昔から磨いてきた。石炭利用の技術をもつ国が、現在は石炭を輸入せざるを得ないのであるから、必然的に燃焼効率を高めようとするインセンティブ（誘因）が働く。これが、日本の石炭火力発電部門が世界の $CO_2$ 排出量削減技術の国際的センターになる理由である。

日本の石炭火力技術は、将来的には、ＩＧＣＣ（石炭ガス化複合発電）、ＩＧＦＣ（石炭ガス化燃料電池複合発電）、ＣＣＳ（二酸化炭素回収貯留）などを実現することによって、石炭火力発電自体のゼロ・エミッション電源（二酸化炭素をほとんど排出しない電源）化を実現する可能性がある。この点について、二〇〇八年七月に閣議決定された「低炭素社会づくり行動計画」は、資料６－１のような石炭利用高度化のロードマップを実現することが重要だと述べている。

それをふまえて、経済産業省資源エネルギー庁資源・燃料部石炭課編『地球を救うクリ

資料 6 - 1　「低炭素社会づくり行動計画」が提示した石炭利用高度化のロードマップ

○クリーン燃焼技術
以下を目指すために必要な技術開発，実証試験等を進める。
・IGCC（石炭ガス化複合発電）発電効率：2015 年頃 48%，長期的に 57%達成。
・IGFC（石炭ガス化燃料電池複合発電）発電効率：2025 年頃に 55%，長期的に 65%達成。

○ CCS
・分離・回収コストを 2015 年頃にトン当たり 2,000 円台，2020 年代に 1,000 円台に低減することを目指して技術開発を進める。
・2009 年度以降早期に大規模実証に着手，2020 年までの実用化を目指す。
・環境影響評価及びモニタリングの高度化，法令等の整備，社会受容性の確保等の課題解決を図る。

○これらの技術を併せ，最終的には二酸化炭素の排出をほぼゼロにするために，石炭火力発電等からの二酸化炭素を分離し，回収し，輸送，貯留する一貫したシステムの本格実証実験を実施し，ゼロ・エミッション石炭火力発電の実現を目指す。

出所）経済産業省資源エネルギー庁資源・燃料部石炭課編前掲『地球を救うクリーンコール――我が国クリーンコール政策の新たな展開 2009』。

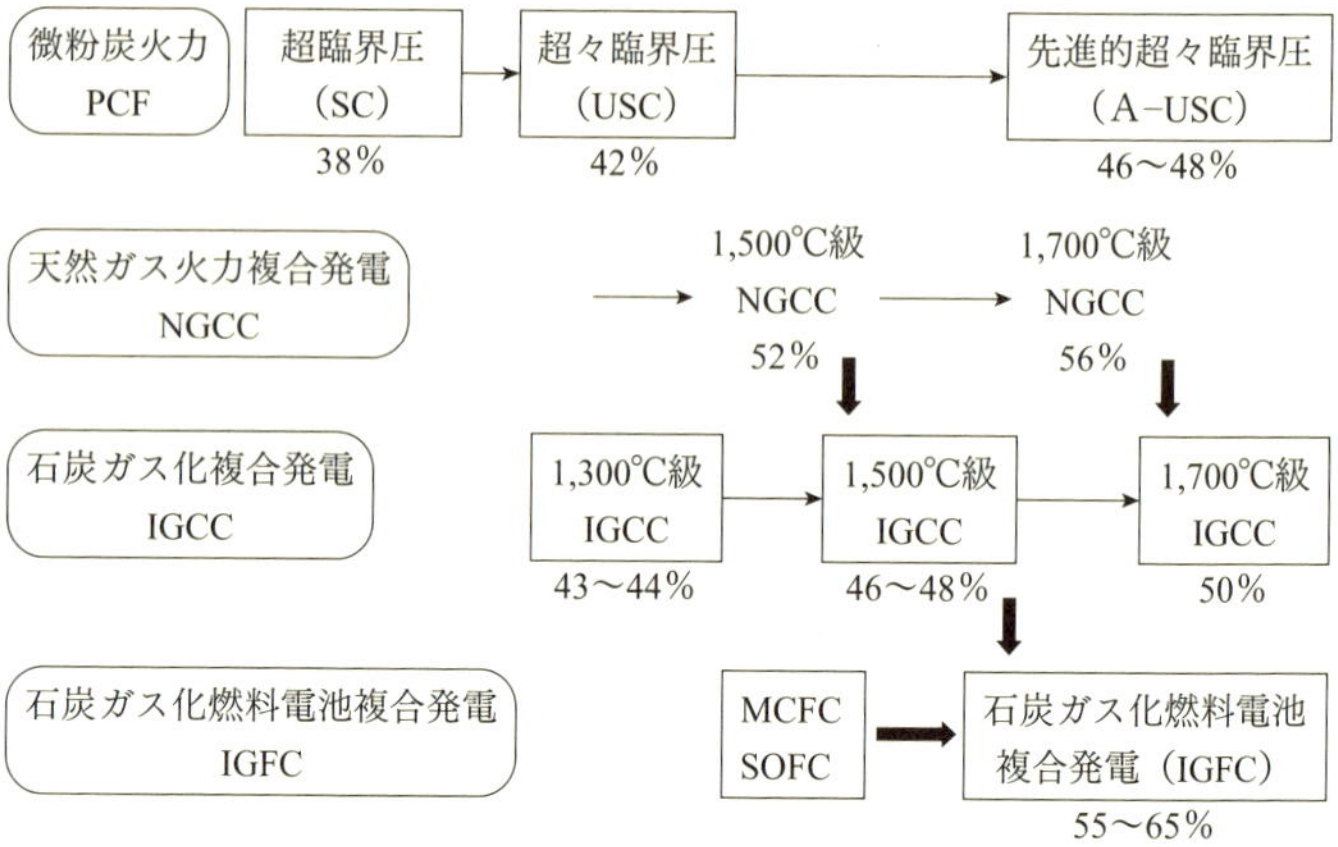


**図6-7　「我が国クリーンコール政策の新たな展開 2009」が提示した「高効率石炭火力発電の技術開発ロードマップ」**

出所）経済産業省資源エネルギー庁資源・燃料部石炭課編前掲『地球を救うクリーンコール――我が国クリーンコール政策の新たな展開 2009』。
注）％表示は，送電端・高位発熱量換算の熱効率。

ーンコール――我が国クリーンコール政策の新たな展開二〇〇九』（エネルギーフォーラム、二〇〇九年）は、図6-7のような「高効率石炭火力発電の技術開発ロードマップ」を掲げている。これらのロードマップにもとづき、石炭火力のさらなる技術革新を実現することによって、将来的には、「ゼロ・エミッション石炭火力発電」を実現しようというのが、『地球を救うクリーンコール――我が国クリーンコール政策の新たな展開二〇〇九』の最終的なねらいである。

## 5　「第四の電源」としての省エネルギーによる節電

本章ではここまで、原子力発電の縮小シナリオ、再生可能エネルギー利用発電の普及とその課題、火力シフトの必然性とそれがもたらす問題などを検討してきた。日本の将来における電源構成を考察する際には、これらのほかにも、もう一つ重要な論点が残されている。それは、省エネルギーと節電に取り組み、電力の使用量そのものを減らす取組みをいかに進めるかという論点である。

図6－8は、日本における最終エネルギー消費量の部門別推移を示したものである。この図からわかるように、一九七三年から二〇〇八年のあいだに日本の国内総生産（GDP）は、二・三倍に増加した。その間にわが国の最終エネルギー消費量は、民生部門では二・五倍、運輸部門では一・九倍、産業部門では〇・九倍、全体では一・三倍になった。総じて、一九七三年の石油危機以降、日本では省エネルギーが進展したと言うことができるが、それでも民生部門や運輸部門では、省エネの余地がまだまだ残されている。

民生部門の省エネでは、住宅・建築物への省エネルギー基準の義務化、ZEB（ネッ

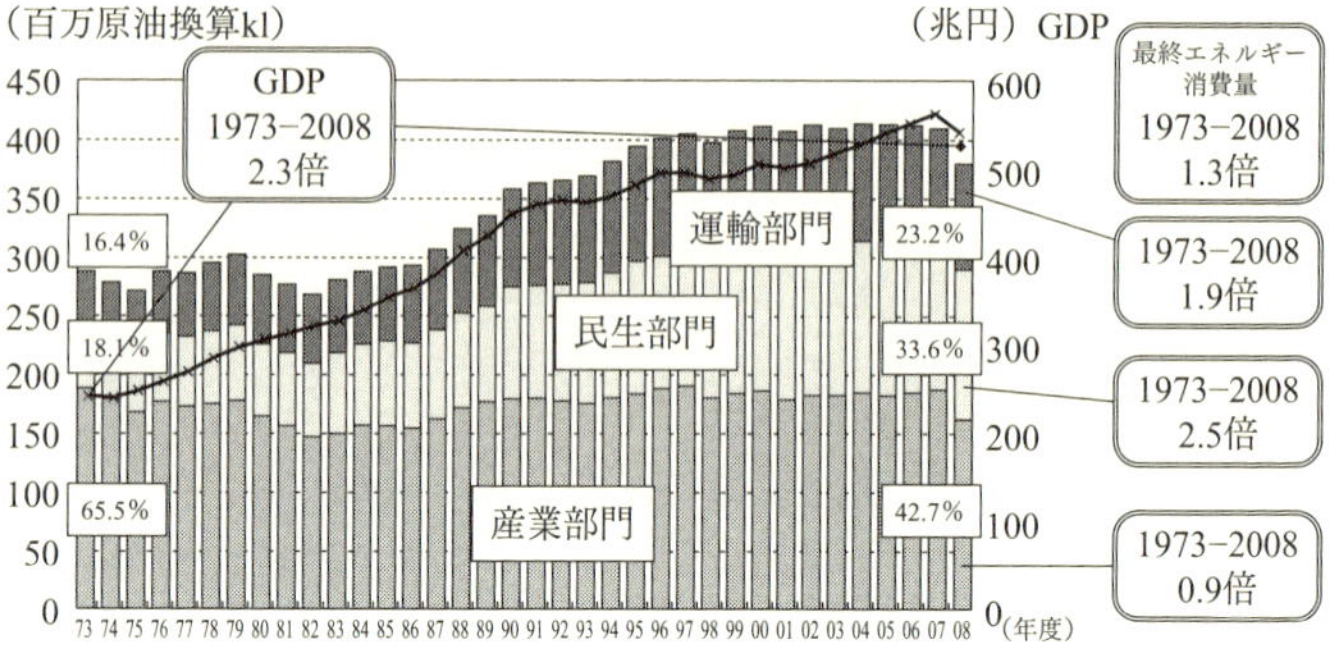


**図 6－8　日本における最終エネルギー消費量の部門別推移（1973〜2008 年度）**

出所）資源エネルギー庁省エネルギー対策課「省エネ政策の現状と今後の展開」（2011 年 6 月）。

ト・ゼロ・エネルギー・ビル）・ZEH（ネット・ゼロ・エネルギー・ハウス）の実現などが、重要な意味をもつ。ZEB、ZEHとは、消費するエネルギーと同量ないしそれ以上のエネルギーを太陽光発電などによって生産するビル、住宅のことである。運輸部門の省エネでは、自動車の燃費の向上と次世代車の開発が、鍵を握る。また、産業部門でも、高効率モーターを導入することによって、さらなる省エネを進めることができる[72]。

　電気自動車の普及に示されるように、低炭素社会は一面では電化社会であるから、日本における今後の省エネルギーを通じた節電には、おのずと限界がある。ただし、ここで提示したような一連の施策を講じれば、ある程度の節電は可能だと言える。将来の電源構成を見通す際には、省エネルギーによる節電を（つまり、節電による電力使用量の減少分を）、原子力発電、再生可能エネルギー利用発電、火力発電に並ぶ「第四の電源」として「見える化」することが、大事である。

## 6　二〇三〇年の電源構成見通し

本章での記述をまとめる意味で、二〇一〇年策定の「エネルギー基本計画」と同様に二〇三〇年を対象にして、発電電力量ベースでの日本の電源構成の見通しを考えることにしよう。その際、重要なことは、原子力発電のウェートを独立変数として示すのではなく、従属変数として導くことである。

日本の将来の電源構成見通しを作成する際に独立変数とみなすべきなのは、

(1) 再生可能エネルギーを利用する発電の普及の度合い、
(2) 省エネルギーによる節電の進展の度合い、
(3) ＩＧＣＣ、ＩＧＦＣ、ＣＣＳなどによる火力発電のゼロ・エミッション化の進行の

**表6－2　2030年における発電電力量ベースでの日本の電源構成**

（単位：%）

| シナリオ | 再生可能エネルギー | 節　電 | 火　力 | 原子力 |
|---|---|---|---|---|
| ①原発依存 | 21 | 0 | 26 | 53 |
| ②現状維持 | 30 | 10 | 30 | 30 |
| ③脱原発依存 | 30 | 10 | 40 | 20 |
| ④脱原発 | 30 | 10 | 60 | 0 |

出所）筆者作成。

度合い、の三つの要素である。原子力発電のウェートについては、これらの独立変数を決めたうえで、従属変数として、全体からの引き算で導くのが適切である。

(1)(2)(3)の独立変数は、いずれも不確実性が高く、二〇三〇年時点での見通しを得ることが難しい。明確な根拠はないが、(1)と(2)については最大限の数値をめざすことにして、二〇三〇年における発電電力量ベースでのウェートを、それぞれ三〇%[73]、一〇%と設定することにした。(3)を反映する火力発電のウェートについては、三〇～四〇%と想定した。これらの仮定を念頭において、二〇三〇年における発電電力量ベースでの日本の電源構成を見通すために作成したのが、表6－2である。

表6－2の①の原発依存シナリオは、二〇一〇年に策定された現行の「エネルギー基本計画」の内容を示したものであ

る。このシナリオが福島第一原発事故によって実現不可能になったことは、すでに指摘したとおりである。

②の現状維持シナリオは、火力発電のウェートを三〇％としたケースである。このシナリオでは、二〇三〇年における原子力発電のウェートは、現状と同じ三〇％となる。

③の脱原発依存シナリオは、火力発電のウェートを四〇％としたケースである。このシナリオでは、二〇三〇年における原子力発電のウェートは、現状を約一〇％下回る二〇％となる。

④は、原子力発電のウェートを〇％とする脱原発シナリオである。このシナリオでは、火力発電のウェートが六〇％になってしまい、コスト面などからシナリオとしての現実性は低いと言わざるをえない。

問題は、②と③のシナリオのどちらが高い蓋然性をもつかという点に絞られるが、筆者は、今のところ、③の脱原発依存シナリオになる確率が高いと考える。それは、「日本における原子力発電の規模が将来的には縮小してゆくという大局観」を有しているからである。

# 第7章

# 問われている課題

本書では、二〇一一年三月一一日の東北地方太平洋沖大地震にともない発生した東京電力・福島第一原子力発電所の事故をふまえて、今後、日本の原子力発電はどうあるべきかについて論じてきた。冒頭の第1章で、福島第一原発事故以前の時点における原子力発電のあり方についての筆者の提言は、

(1) 九電力会社経営からの原子力発電事業の分離、

(2) 使用済み核燃料の再処理（リサイクル）路線と直接処分（ワンススルー）路線との併用、

(3) 電力会社の原子力依存度の四〇%以下（kWh ベース）への抑制、

という三点にまとめることができると述べた。これら(1)〜(3)の提言は、福島第一原発事故以後の現在の時点においても、有用なものである。ただし、福島第一原発事故を経て、わが国の原発に問われている課題はさらに広がったし、(3)の提言については内容をより具体化することが求められるにいたった。以下では、原発に問われている課題を短期的なもの

と中長期的なものとに分けて列記したうえで、今後の日本の電源構成に占める原発のウェートについても改めて論及する。

日本の原子力発電所のあり方にかかわる短期的な課題として、まず重要な点は、福島第一原発事故の教訓をふまえた新しい原発安全基準を、誰の目にもわかりやすい形で確立することである。新しい安全基準の基本原則は、①立地地域ごとに有史以来最大の地震・津波を想定し、それに耐えうるものとする（最大限基準）、②地震学・津波学等の世界でより厳しい新たな知見が得られた場合には、それを想定へ反映させる（更新基準）、という二点の組合せとすべきであろう。また、運転開始後四〇年以上を経過した日本原子力発電の敦賀原発一号機や関西電力の美浜原発一号機など、高経年炉については、少なくとも事故調査委員会の精査が終わるまでのあいだは、運転を凍結することを検討した方が良いかもしれない。

短期的な課題の二つ目は、原子力安全・保安院を経済産業省から分離して、原子力安全行政の独立を図ることである。独立後の原子力安全・保安院については、原子力安全委員会との統合などによって、機能を強化する必要がある。また、原子力安全・保安院ないし原子力安全委員会のメンバーに原発立地自治体の代表が加わることも、検討すべきであろう。

日本の原子力発電所のあり方にかかわる中長期的な課題として第一にあげるべきは、九電力会社の経営から原子力発電事業を分離することである。この分離は、原子力発電をめぐって国と民間電力会社のあいだに「もたれ合い」を生じさせる「国策民営方式」の矛盾を解消する意味合いをもつ。分離に当たっては、原子力発電に対する国の責任を明確にすることが重要であり、直接的な国営のほかにも、日本原子力発電㈱の活用、官民合同会社の新設などの方法が考えられる。加圧水型原子炉と比べて問題が集中的に発生している沸騰水型原子炉を使用する電力会社（東北電力・東京電力・中部電力・北陸電力・中国電力）において、原子力発電事業の分離を先行的に実施するという方策も、考慮に値する。

第二の中長期的な課題は、バックエンド問題について、使用済み核燃料の再処理（リサイクル）路線一本槍を改め、直接処分（ワンススルー）路線との併用を図ることである。直接処分路線を導入することは、使用済み核燃料の絶対量に制約を課すことを通じて、原発依存度を低下させることにつながる。

第三の中長期的な課題は、電源開発促進税の地方移管、具体的には原発立地自治体への移管を実現することである。これまで、原発の運営については、基本的に国と電気事業者に一任されてきたため、原発立地自治体が原発運営に対しステークホルダーとしてきちんと関与する機会は与えられてこなかった。地元住民の安全に直接的な責任をもつ原発立地自治体が、電源開発促進税を主管し、原子力安全行政に参画することは、原発運営にステークホルダーとして関与することを意味する。電源開発促進税の地方移管に際しては、原発の運転が停止しても一定水準の税収が維持される仕組みを併設し、地元自治体が安全性の観点から必要だと判断した場合には、いつでも原発の運転を停止できるようにすることが重要である。この電源開発促進税の地方移管は、同税の一部が国の一般会計に繰り入れられている現状をふまえると、その繰入れをなくすことから、電気料金の低下につながる可能性が高い。

日本の原子力発電に問われている課題はおよそ以上のとおりであるが、それでは今後、原発は、日本の電源構成においてどれくらいのウェートを占めることになるのだろうか。この問いへの答えを導く際には、そのウェートを決めるのは、原発自身ではなく、①再生可能エネルギーを利用する発電の普及の度合い、②省エネルギーによる節電の進展の度合い、③IGCC（石炭ガス化複合発電）・IGFC（石炭ガス化燃料電池複合発電）・CCS（二酸化炭素回収貯留）などによる火力発電のゼロ・エミッション化の進行の度合い、という三つの要素であることを忘れてはならない。

最大限の努力を払えば、二〇三〇年の日本において、電源構成面での再生可能エネルギー利用発電のウェートを三〇％にすること、省エネルギーによる節電によって予定水準より一〇％ほど電力使用量を削減すること（別言すれば、電源構成に「第四の電源」として、省エネルギーによる節電の一〇％分を算入すること）は、可能かもしれない。そのうえで、ゼロ・エミッション化がある程度進行した火力発電のウェートを四〇％と仮定すると、原子力発電のウェートは二〇％になる。

二〇一〇年に策定された現行の「エネルギー基本計画」では、二〇三〇年の日本の電源構成における原子力発電のウェートが、五〇％超と想定されている。それが、半分以下の二〇％にまで低下するわけである。日本のエネルギー政策は、東京電力・福島第一原子力発電所の事故を契機にして、「原発依存」路線から「脱原発依存」路線へ、大きく舵を切ったと言うことができる。

# 註

(1) ゼロ・エミッション電源とは、二酸化炭素（$CO_2$）をほとんど排出しない電源のことであり、具体的には、原子力発電ないし再生可能エネルギーを使った発電を意味する。
(2) 経済産業省資源エネルギー庁編『エネルギー基本計画』（経済産業調査会、二〇一〇年）一三頁参照。
(3) 同前、四五頁。
(4) 間庭正弘「自由化検証で原子力論議が活発化」（『電気新聞』二〇〇二年二月一四日付）。
(5) ここでは、電力自由化第二段階の検証プロセスを意味する。
(6) 総合資源エネルギー調査会電気事業分科会『総合資源エネルギー調査会電気事業分科会報告「今後の望ましい電気事業制度の骨格について」』（二〇〇三年二月）。
(7) 格付投資情報センター『R&I News Release』No. 2003 − A − 001（二〇〇三年一月八日）。
(8)「九電力体制の自己拘束性」とは、九電力各社が横並び的な経営行動をとり、個性を喪失している状況を示す言葉である。
(9) ただし、政策的資金の投入規模は、使用済み核燃料直接処分路線の方が、核燃料サイクル路線よりも、少額にとどまるものと見込まれる。

(10) 橘川武郎「日本の原子力発電――その歴史と課題」(一橋大学『一橋商学論叢』Vol. 3, No. 1, 二〇〇八年)三二頁。
(11) 同前、三二頁。
(12) 一九五一年の電気事業再編成によっていっせいに発足し、その後の九電力体制を支えることになった北海道電力・東北電力・東京電力・中部電力・北陸電力・関西電力・中国電力・四国電力・九州電力の各社のことである。
(13) この点について詳しくは、橘川武郎『日本電力業発展のダイナミズム』(名古屋大学出版会、二〇〇四年)二七一―二七二、二九五―二九七頁参照。
(14) この論争において、日本原子力産業会議は、正力案(九電力会社案)を支持する立場をとった。
(15) 日本原子力発電株式会社『日本原子力発電三十年史』(一九八九年)七―八頁。
(16) これより先の一九六三年一〇月には、日本原子力研究所(原研)が、茨城県東海村の動力炉試験炉(JPDR)で、日本最初の原子力発電に成功していた。
(17) ただし、日本原子力発電㈱の東海発電所の一号機が採用したイギリスのコールダーホール改良型の発電炉は、以後のわが国の原子力発電所においては使用されず、著しい技術的進歩をとげたアメリカの軽水炉にとって代られることになった。
(18) 関西電力株式会社『関西電力五十年史』(二〇〇二年)四一三頁。
(19) 以上の点については、資源エネルギー庁公益事業部・電気事業連合会編『電気事業三〇年の統計』(一九八二年)参照。

(20) 第一次石油危機後の日本において、自主的な核燃料サイクルの確立をめざす官民一体となった動きが活発化したのは、石油危機の発生により、エネルギー資源を海外に依存することの危険性が明らかとなり、エネルギー・セキュリティを求める意識が高まったからである。また、核燃料サイクルの確立が放射性廃棄物の処理の面で有効であると考えられたことも、追い風となった。さらに、一九七六年一〇月にアメリカのフォード大統領が再処理とウラン濃縮技術の輸出を三年間停止するよう要請したこと、一九七七年一月〜七八年一月にカナダ政府がウラン精鉱の輸出を禁止したこと、一九七七年一月に就任したアメリカのカーター大統領が同国の商業再処理とプルトニウム利用を無期限に延期したこと、一九七八年三月にカーター大統領の政策を反映した核不拡散法がアメリカで成立し、アメリカで濃縮された核燃料を日本からイギリスやフランスの再処理工場へ輸送することに対して課せられるアメリカ政府の規制（この規制は、日米原子力協力協定にもとづくものであった）が強化されたことなどの諸事情は、外国の原子力政策の変更に左右されない、日本独自の核燃料調達策の構築が必要であるとの世論を高めた。

(21) わが国における原子力開発投資の規模は、一九八〇年代前半にピークへ達した。この点については、橘川前掲『日本電力業発展のダイナミズム』四二一頁参照。

(22) 以上の数値については、資源エネルギー庁公益事業部・電気事業連合会編前掲『電気事業三〇年の統計』および資源エネルギー庁公益事業部・電気事業連合会編『電気事業四〇年の統計』（一九九二年）から算出した。

(23) 以上の数値については、資源エネルギー庁公益事業部・電気事業連合会編前掲『電気事業四〇年の統計』から算出した。なお、発電電力量の電源別構成において原子力が水力を凌駕したのは、九電力会社では一九七九年度、日本全体では一九八二年度のことである（電気事業連合会統計委員会編『電気事業便覧』［各年版］）。

（24）以上の点については、橘川前掲『日本電力業発展のダイナミズム』四二〇―四二二頁参照。

（25）一連の事故によって、動燃に対する社会的信頼は大きく低下した。その結果、動燃は、「ふげん」の廃止などを決定したうえで、一九九八年一〇月に核燃料サイクル開発機構として再出発した。また、「ふげん」は、二〇〇三年三月に運転を停止した。その後、核燃料サイクル開発機構は、二〇〇五年一〇月に原研と統合し、独立行政法人日本原子力研究開発機構となった。

（26）さらに、二〇〇三年一〇月には、原子力安全・保安院と連携して、原子力安全確保業務を専門的に遂行する独立行政法人原子力安全基盤機構が発足した。

（27）内山洋司「発電システムのライフサイクル分析」電力中央研究所『電力中央研究所報告』研究報告：Y94009（一九九五年）参照。この論文では、原料の採掘から建設・輸送・精製・運用（実際の発電）・保守など（原子力発電の使用済み核燃料の再処理・放射性廃棄物の処分などを含む）のために消費される、すべてのエネルギーを対象にして、$CO_2$排出量を算出している。

（28）もともと高度経済成長期においても、九電力会社は、電源構成の火主水従化や火力発電用燃料の油主炭従化をめぐって行政当局と対抗しながら、原子力発電の事業化をめぐっては行政当局と共同歩調をとっていた。

（29）鈴木達治郎・飯田哲也「『原子力』真の政策論争へ」（対談記事）『論座』二〇〇〇年一一月号、朝日新聞社、九三頁。
（30）鈴木達治郎「エネルギー――国策民営の原子力発電」工藤章／橘川武郎／グレン・D・フック編『現代日本企業2　企業体制（下）　秩序変容のダイナミクス』（有斐閣、二〇〇五年）参照。
（31）以上の数値については、電気事業連合会編『電気事業五〇年の統計』（二〇〇二年）から算出した。
（32）以上の数値については、電気事業連合会編前掲『電気事業五〇年の統計』から算出した。
（33）この事件について詳しくは、橘川前掲『日本電力業発展のダイナミズム』五二五―五二七頁参照。
（34）WTIは、アメリカ・テキサス州で産出される、含有硫黄分が少ないうえにガソリンを多く取り出すことができる高品質の原油のことであり、ニューヨークのマーカンタイル取引所で取引されるWTIの一カ月先物価格は、世界的な原油価格の指標となっている。
（35）二〇〇〇年代における原油価格の上昇の要因について詳しくは、総合資源エネルギー調査会石油分科会『次世代燃料・石油政策に関する小委員会報告書』（二〇〇八年二月）七―一四頁参照。なお、原油価格は、二〇〇八年九月に発生したリーマン・ショックでいったん大きく下落したが、その後、再び上昇傾向を示している。
（36）ここでの原子力ルネサンスに関する記述は、主として鈴木達治郎「『原子力ルネッサンス』の期待と現実」『科学』二〇〇七年一一月号、岩波書店、による。
（37）原子力委員会『原子力政策大綱』（二〇〇五年一〇月一一日）参照。
（38）経済産業省『新・国家エネルギー戦略』（二〇〇六年五月）四四―四八頁参照。
（39）一九九五年一二月に福井県敦賀市で起こったこの事故では、放射性物質による従業者や環境への影響はなかったものの、ナトリウムの漏えいが発生したこと、さらには、事故後の情報公開をめぐる対応が不適切であったことから、事業者である動力炉・核燃料開発事業団（動燃）に対する社会的な不安感や不信感が高まった。動燃は、その後も一九九七年三月には動燃東海再処理施設（茨城県東海村）で爆発事故、一九九七年四月には新型転換炉原型炉「ふげん」（福井県敦賀市）で重水漏れ事故を起こした。註(25)も参照。

(40) 二〇〇三年一〇月には、独立行政法人原子力安全基盤機構（ＪＮＥＳ）が発足した。ＪＮＥＳは、原子力発電所等の原子力施設に関する検査、安全性評価、防災業務、調査研究などを行う組織である。

(41) 以下の東京電力による原子力発電トラブル隠蔽事件の経緯に関する記述は、主として、原子力委員会市民参加懇談会『東京電力㈱の点検作業不正記載について（座長報告）』（二〇〇二年一一月一九日）による。

(42) 東京電力株式会社『当社原子力発電所の点検・補修作業に係るＧＥ社指摘事項に関する調査報告書』（二〇〇二年九月）。

(43) 東京電力株式会社『原子力施設にかかる自主点検作業の適切性確保に関する総点検中間報告書』（二〇〇二年一一月一五日）、および東京電力株式会社『原子力施設にかかる自主点検作業の適切性確保に関する総点検最終報告書』（二〇〇三年二月二八日）参照。

(44) 橘川前掲『日本電力業発展のダイナミズム』五一五、五一八―五二二頁参照。

(45) この点については、例えば、飯田哲也「東電事件論――原子力ムラの終わりの始まり」（原子力資料情報室『原子力情報室通信』三四四号）参照。

（46）同前参照。
（47）以上の点については、福井県総合政策部電源地域振興課『福井県電源三法交付金制度等の手引き（平成二一年度版）』（二〇〇九年）三頁による。
（48）例えば、八田達夫「核燃料再処理、経済的に破綻」（『日本経済新聞』二〇〇四年七月一六日付）、櫻井よしこ「再処理工場の稼動を見合わせよ」（『週刊新潮』二〇〇四年九月一六日号）、橘川前掲『日本電力業発展のダイナミズム』など参照。
（49）橘川前掲「日本の原子力発電」三〇―三一頁。
（50）プルサーマルについては、一九九五年六月に原子力安全委員会が、条件つきで承認する旨の判断を示した。
（51）この点について詳しくは、橘川前掲『日本電力業発展のダイナミズム』五三三―五三六頁参照。
（52）日本原子力研究開発機構は、動力炉・核燃料開発事業団（動燃）の後身の核燃料サイクル開発機構と日本原子力研究所とが統合して、二〇〇五年一〇月に新発足した独立行政法人である。
（53）この「もたれ合い」に関連して興味深いのは、資源エネルギー庁が二〇〇六年八月に発表した『原子力立国計画』（総合資源エネルギー調査会原子力部会報告書）が、原子力政策に関して、国、電気事業者、重電メーカーの「三すくみ構造」からの脱却を強調したことである。このことは、裏を返せば、国、電気事業者、重電メーカーの三者間に「すくみ合い」、「もたれ合い」の関係が存在することを、強く示唆している。
（54）事故発生後早い時点で水素爆発を起こした東京電力・福島第一原子力発電所一号機は、事故よりちょうど四〇年前の一九七一年三月に、営業運転を開始した。

（55）筆者は、この緊急提言を東京大学社会科学研究所（東大社研）のホームページ上で公表する（http://project.iss.u-tokyo.ac.jp/hope/images/201106_energy.pdf）とともに、当時、委員をつとめていた「今後のエネルギー政策に関する有識者会議」（経済産業省）の関係者にも配布した。有識者会議の関係者には、原子力安全・保安院の担当者も含まれる。なお、この緊急提言を東大社研のホームページ上で発表したのは、筆者が、東大社研が二〇〇八年にスタートさせた希望学福井調査のメンバーだからである。希望学とは、「希望を社会科学する」を合言葉に、希望と社会との関係を考察しようとする、新しい学問のことである。筆者は、希望学福井調査のなかで、「原発銀座」と呼ばれる嶺南地域を担当している。

（56）福井県が二〇一一年四月一九日に提出した「要請書」の全文は、http://www.atom.pref.fukui.jp/anzenkenshou/dai3kai/siryou12.pdf から入手できる。また、原子力安全・保安院が二〇一一年五月六日に発表した「福島第一原子力発電所事故を踏まえた他の発電所の緊急安全対策の実施状況の確認結果について」は、http://www.meti.go.jp./press/2011/05/20110506004/20110506004.html に示されている。

（57）経済産業省資源エネルギー庁編前掲『エネルギー基本計画』八、一三頁参照。

（58）営業運転中ではなく調整運転中だった二基（北海道電力・泊原発三号機および関西電力・大飯原発一号機）については、「定期検査により停止中」に含めた。

（59）以上については、「節電で海外へ一部生産　三井金属、供給停止防ぐ」（『日本経済新聞』二〇一一年五月一日付）参照。

（60）この点に関連して、『読売新聞』二〇一一年六月一一日付の記事「トヨタ社長『日本で物づくり、限界超えた』」は、「電力不足の広がりに産業界は懸念を強めている。トヨタ自動車の豊田章男社長は一〇日、記者団に対して『安定供給、安全、安心な電力供給をお願いしたい』と訴えた。円高に加えて電力不足が広がる現状に、『日本でのものづくりが、ちょっと限界を超えたと思う』と危機感を漏らした」、と伝えた。

(61) 中国電力は、二〇一〇年度に、原子力発電の稼働率低下に対処するため、他社からの購入分を含め、火力発電への依存度を高めた。

(62) すでに廃炉が決まっている浜岡原子力発電所の一～二号機は除いてあり、同発電所については三～五号機のみを検討対象としている。

(63) ⑥の「営業運転開始後三〇年超四〇年未満の高経年プラントの廃止」というシナリオが採用される場合には、必然的に⑤の「営業運転開始後四〇年超の高経年プラントの廃止」というシナリオもあわせて採用されると考えられる。

(64) ここでは、ダム式水力発電がピーク調整用として使われるため、稼働率が低くなるという事情も考慮に入れる必要がある。

(65) このほか、太陽光発電と風力発電については、火力発電や原子力発電に比べてコストが高いという問題点が指摘されることが多い。現時点でこの指摘は正しいが、今後、太陽光発電と風力発電が普及し、関連技術の革新が進めば、問題視されているコスト面での格差は縮小に向かう可能性が高い。

(66) 太陽光発電ないし風力発電が電源構成面で重要な地位を占めるようになるためには、蓄電池の開発などの技術革新だけでなく、追加的な送変電コスト分を含めても経済性を確保できるようにすること、高い稼働率が期待される洋上風力発電を普及させるため漁業関係者との利害調整を図ること、などの課題をクリアする必要がある。

(67) 地熱・水力・バイオマスを利用する発電の稼働率が、太陽光発電や風力発電の稼働率に比べて高いことは、図6-2でも確認することができる。

(68) オバマ大統領は、新エネルギー政策の発表にあたって、それまで力説していた原子力発電への回帰(「原子力ルネサンス」)や再生可能エネルギーの普及(「グリーン・イノベーション」)に関する主張を後退させた。

(69) この点については、澤昭裕「発送電分離より大規模化を」(『WEDGE』二〇一一年七月号)も参照。

(70) 環境省調べ。

(71) 日本エネルギー経済研究所の調査によれば、二〇二〇年までに中国は九五五基、アメリカは一一〇基、ドイツは二六基、イギリスは一一基、日本は五基の大型火力発電施設を新設しようとしている(中国の数値は、推計値。ドイツの数値は、二〇一八年までの計画値)。

(72) 以上の点については、資源エネルギー庁省エネルギー対策課「省エネ政策の現状と今後の展開」(二〇一一年六月)参照。

(73) 前掲した図1-2が示すように、発電電力量ベースでの再生可能エネルギー等の比率は、二〇〇七年度実績で九%であった。二〇一一年五月にフランスのドービルで開催されたG8サミットに出席した菅直人首相は、二〇二〇年代のなるべく早い時期までに再生可能エネルギー利用発電のウェートを二〇%に高める方針を打ち出した。ここで、二〇三〇年における再生可能エネルギー利用発電のウェートを三〇%に設定したのは、二〇〇七年度九%、二〇二〇年二〇%という上昇趨勢をふまえたものである。

# 参照文献

飯田哲也［二〇〇三］「東電事件論――原子力ムラの終わりの始まり」原子力資料情報室『原子力情報室通信』三四四号。

内山洋司［一九九五］「発電システムのライフサイクル分析」電力中央研究所『電力中央研究所報告』研究報告：Y94009。

海江田万里（経済産業大臣）［二〇一一］「エネルギー政策見直しの基本的視点」二〇一一年六月七日。

閣議決定［二〇〇八］「低炭素社会づくり行動計画」二〇〇八年七月二九日。

格付投資情報センター［二〇〇三］『R&I News Release』No. 2003 – A – 001、二〇〇三年一月八日。

関西電力株式会社［一九七八］『関西電力二十五年史』。

関西電力株式会社［二〇〇二］『関西電力五十年史』。

橘川武郎［二〇〇四］『日本電力業発展のダイナミズム』名古屋大学出版会。

橘川武郎［二〇〇八］「日本の原子力発電――その歴史と課題」一橋大学『一橋商学論叢』Vol. 3, No. 1。

経済産業省［二〇〇六］『新・国家エネルギー戦略』二〇〇六年五月。

経済産業省［二〇一〇 a］「ＩＮＥＳ（国際原子力・放射線事象評価尺度）」二〇一〇年六月四日。

経済産業省［二〇一〇b］「二〇三〇年のエネルギー需給の姿」二〇一〇年七月。

経済産業省編［二〇〇四］『エネルギー白書二〇〇四年版』。

経済産業省資源エネルギー庁編［二〇一〇］『エネルギー基本計画』経済産業調査会。

経済産業省資源エネルギー庁資源・燃料部石炭課編［二〇〇九］『地球を救うクリーンコール――我が国クリーンコール政策の新たな展開 2009』エネルギーフォーラム。

原子力安全・保安院［二〇一一］『東京電力株式会社福島第一原子力発電所事故を踏まえた他の発電所の緊急安全対策の実施状況の確認結果について』二〇一一年五月六日。

原子力委員会［二〇〇五］『原子力政策大綱』二〇〇五年一〇月一一日。

原子力委員会市民参加懇談会［二〇〇二］『東京電力㈱の点検作業不正記載について（座長報告）』二〇〇二年一一月一九日。

原子力委員会新計画策定会議［二〇〇四］『核燃料サイクル政策についての中間とりまとめ』二〇〇四年一一月一二日。

櫻井よしこ［二〇〇四］「再処理工場の稼動を見合わせよ」『週刊新潮』二〇〇四年九月一六日号。

澤昭裕［二〇一一］「発送電分離より大規模化を」『WEDGE』二〇一一年七月号。

資源エネルギー庁［二〇〇六］『原子力立国計画』（総合資源エネルギー調査会原子力部会報告書）二〇〇六年八月。

資源エネルギー庁［二〇一一］「我が国のエネルギー事情」二〇一一年五月。

資源エネルギー庁公益事業部編［一九七八］『電源開発の概要（昭和五二年度版）』。

資源エネルギー庁公益事業部編［一九八六］『電源開発の概要（昭和六一年度版）』。

資源エネルギー庁公益事業部・電気事業連合会編［一九八二］『電気事業三〇年の統計』。

資源エネルギー庁公益事業部・電気事業連合会編［一九九二］『電気事業四〇年の統計』。

資源エネルギー庁省エネルギー対策課［二〇一一］「省エネ政策の現状と今後の展開」二〇一一年六月。

四国電力株式会社［一九九二］『四国電力四〇年のあゆみ』。

鈴木達治郎［二〇〇五］「エネルギー──国策民営の原子力発電」工藤章／橘川武郎／グレン・D・フック編『現代日本企業2 企業体制（下） 秩序変容のダイナミクス』有斐閣。

鈴木達治郎［二〇〇七］「『原子力ルネッサンス』の期待と現実」『科学』二〇〇七年一一月号、岩波書店。

鈴木達治郎・飯田哲也［二〇〇〇］「『原子力』真の政策論争へ」（対談記事）『論座』二〇〇〇年一一月号、朝日新聞社。

総合資源エネルギー調査会石油分科会［二〇〇八］『次世代燃料・石油政策に関する小委員会報告書』二〇〇八年二月。

総合資源エネルギー調査会電気事業分科会［二〇〇三］『総合資源エネルギー調査会電気事業分科会報告「今後の望ましい電気事業制度の骨格について」』二〇〇三年二月。

電気事業連合会編［二〇〇二］『電気事業五〇年の統計』。

電気事業連合会統計委員会編［各年版］『電気事業便覧』。

『東京新聞』［二〇一一・六・八］「IAEAへの政府原発事故報告書 要旨」。

東京電力株式会社［一九八三］『東京電力三十年史』。

東京電力株式会社［二〇〇二a］『当社原子力発電所の点検・補修作業に係るＧＥ社指摘事項に関する調査報告書』二〇〇二年九月。

東京電力株式会社［二〇〇二b］『原子力施設にかかる自主点検作業の適切性確保に関する総点検中間報告書』二〇〇二年一一月一五日。

東京電力株式会社［二〇〇三］『原子力施設にかかる自主点検作業の適切性確保に関する総点検最終報告書』二〇〇三年二月二八日。

日本エネルギー経済研究所計量分析ユニット編［二〇一一］『EDMC/エネルギー・経済統計要覧（二〇〇一年版）』省エネルギーセンター。

『日本経済新聞』［二〇一一・五・二］「節電で海外へ一部生産　三井金属、供給停止防ぐ」。

『日本経済新聞』［二〇一一・六・七］「『脱原発』決定、二二年までに実施　独電気料金一割上昇へ」。

日本原子力発電株式会社［一九八九］『日本原子力発電三十年史』。

八田達夫［二〇〇四］「核燃料再処理、経済的に破綻」『日本経済新聞』二〇〇四年七月一六日付。

福井県［二〇一一］『要請書』二〇一一年四月一九日。

福井県総合政策部電源地域振興課［二〇〇九］『福井県電源三法交付金制度等の手引き（平成二一年度版）』。

不破雷蔵［二〇一一］「従来型・新エネルギーの純粋コストをグラフ化してみる」〈Garbagenews.com〉ホームページ、二〇一一年四月二四日。

間庭正弘［二〇〇二］「自由化検証で原子力論議が活発化」『電気新聞』二〇〇二年二月一四日付。

村井令二［二〇一一］「今夏の電力不足で産業部門の節電が難航、経済への打撃に懸念」『ロイター』二〇一一年四月一九日発信。

『読売新聞』［二〇一一・六・一二］「トヨタ社長『日本で物づくり、限界超えた』」。

# あとがき

現在進行中の出来事を題材にして、歴史研究者が書物を著すことは難しい。本書の脱稿後も、日本の原子力発電をめぐる状況は、大きく変転した。

二〇一一年六月二九日、海江田万里経済産業大臣と古川康佐賀県知事、岸本英雄玄海町長との話し合いが個別に行われ、定期検査を終えていた九州電力・玄海原子力発電所二・三号機が運転再開へ向けて、動き出すかにみえた。しかし、七月六日、菅直人首相が、突然、ストレステストの実施を運転再開の前提条件として持ち出したため、この動きはつい え去った（ほぼ同時に九州電力の「やらせメール事件」も発覚したが、玄海原発二・三号機の運転再開を阻んだ基本的な原因は、菅首相のストレステスト提案に求めることができる）。この結果、二〇一一年夏の電力供給不安は避けられないものとなり、停電の有無にかかわらず、リスク要因としての電力供給不安を理由にした産業空洞化は、加速されることになった。

ストレステスト自体は、原発の非常事態に対する余裕度を測るものであり、原発の安全性向上（危険性の最小化）に資する有意義なものである。しかし、ここで見落としてはならない点は、ストレステストが、定期検査あけ原発の運転再開とは直接関係しない（別言すれば、定期検査あけ原発の運転再開の前提条件とすべきではない）事柄だということである。その点は、福島第一原発事故を受け日本に先がけて二〇一一年六月一日にストレステストを開始したヨーロッパ諸国が、原子力発電所を稼動させながら、コンピュータを使ってストレステストを実施していることからも明らかである。そもそも、ストレステストを経なければ原発を運転することができないのだとすれば、なぜ、二〇一一年七月六日の時点で稼働中であった一九基の原発の運転を止めて、ストレステストを行わなかったのか。また、福島第一原発事故の当事国である日本の首相ありながら、なぜ、ヨーロッパ諸国よりかなり遅れてストレステストを突然持ち出したのか。菅首相が、本気で原発の安全性向上を考えているのであれば、稼働中だった一九基の原発の運転を止めたはずだし、福島第一原発事故の直後にストレステストを提案したはずである。事実がそうでなかったことは、菅首相の唐突なストレステスト提案が、別の政治的意図にもとづくものであったことを強く示唆している。

本書第4章で強調したように、定期検査あけ原発の運転再開の前提条件とすべきなのは、ストレステストではなく、福島第一原発事故の教訓を盛り込んだ新しい安全基準である。原発の地元の住民や首長が安心できるような厳格でわかりやすい安全基準であり、それは、有史以来最大の地震・津波にも耐えうるよう想定を設定する最大限基準と、新規に得られた地震・津波に関する知見を想定に反映させる更新基準との、組合せにすべきであろう。

「あとがき」を書いている現時点でも、日本の原子力発電をめぐる状況は、きわめて流動的である。繰り返しになるが、「現在進行中の出来事を題材にして、歴史研究者が書物を著すことは難しい」。そうであるにもかかわらず、筆者があえて本書を世に問うことにしたのは、福島第一原発事故発生から一週間後の二〇一一年三月一八日に名古屋大学出版会の編集者である三木信吾氏から、本書の執筆を強く勧奨するメールを頂戴したからである。このメールに叱咤激励されながら、筆者は本書を書いた。その意味で、本書の真の「生みの親」は、三木信吾氏である。ここに特記して、三木信吾氏への謝意を表したい。

二〇一一年七月二三日　福井市にて

橘川武郎

《著者紹介》

橘《きっ》川《かわ》武《たけ》郎《お》

1951年　和歌山県に生まれる
1983年　東京大学大学院経済学研究科博士課程単位取得退学
1983年　青山学院大学経営学部専任講師
その後同助教授，東京大学社会科学研究所助教授・教授を経て
現　在　一橋大学大学院商学研究科教授（経済学博士）
著　書　『日本電力業の発展と松永安左ヱ門』（名古屋大学出版会，1995年），『日本経営史』（共著，有斐閣，1995年），『日本の企業集団』（有斐閣，1996年），『日本電力業発展のダイナミズム』（名古屋大学出版会，2004年），『松永安左エ門』（ミネルヴァ書房，2004年），『講座・日本経営史 6』（共編，ミネルヴァ書房，2010年），『日本石油産業の競争力構築』（名古屋大学出版会，近刊）他

原子力発電をどうするか

2011年8月20日　初版第1刷発行

定価はカバーに
表示しています

著　者　橘　川　武　郎

発行者　石　井　三　記

発行所　財団法人　名古屋大学出版会
〒464-0814　名古屋市千種区不老町1名古屋大学構内
電話(052)781-5027/FAX(052)781-0697


Printed in Japan
印刷／製本 ㈱太洋社
ISBN978-4-8158-0679-8
乱丁・落丁はお取替えいたします。